U0181324

雕版手绘珍鸟图鉴

Het HEEL GROTE vogel boek

[荷]比比·多姆·塔克/著
施辉业/译

天地出版社 | TIANDI PRESS

C. Nozeman en C. Sepp e.a., Nederlandsche Vogelen. Amsterdam 1770–1829.
Den Haag, Koninklijke Bibliotheek, KW 1047 B 10–14.

图书在版编目(CIP)数据

雕版手绘珍鸟图鉴 / (荷) 比比·多姆·塔克著；
施辉业译. — 成都：天地出版社, 2023.5
ISBN 978–7–5455–7636–8

Ⅰ. ①雕… Ⅱ. ①比… ②施… Ⅲ. ①鸟类–图集
Ⅳ. ①Q959.7–64

中国版本图书馆CIP数据核字(2023)第043068号

雕版手绘珍鸟图鉴

DIAOBAN SHOUHUI ZHENNIAO TUJIAN

出 品 人　杨　政
著　　者　[荷]比比·多姆·塔克
译　　者　施辉业
总 策 划　戴迪玲
策划编辑　王　倩
责任编辑　王　倩　刘静静
美术编辑　霍笛文
营销编辑　陈　忠　魏　武
责任校对　杨金原
责任印制　刘　元

出版发行　天地出版社
（成都市锦江区三色路238号　邮政编码：610023）
（北京市方庄芳群园3区3号　邮政编码：100078）
网　　址　http://www.tiandiph.com
电子邮箱　tianditg@163.com
经　　销　新华文轩出版传媒股份有限公司

印　　刷　北京尚唐印刷包装有限公司
版　　次　2023年5月第1版
印　　次　2023年5月第1次印刷
开　　本　889mm × 1194mm　1/8
印　　张　12
字　　数　90千字
定　　价　188.00元
书　　号　ISBN 978–7–5455–7636–8

咨询电话：（028）86361282（总编室）
购书热线：（010）67693207（市场部）

如有印装错误，请与本社联系调换。

Nederlands letterenfonds
dutch foundation for literature

This publication has been made possible with financial support from the Dutch Foundation for Literature.
感谢荷兰文学基金会对本作品的出版给予的经济资助。

目录

作者

比比·多姆·塔克，她的大部分作品都是关于动物的。她在 2012年荣获荷兰最重要的儿童文学奖“金铅笔”奖，并且5次荣获“银铅笔”奖，其作品有《小熊战士》《米基斯和驴》等数十部大受欢迎的童书。

译者

施辉业，曾在印尼学医，并且掌握了多种外语。1960年回国后攻读生理生化，1972年调中联部，从事研究、联络和翻译工作，曾任多种职务，发表过众多译作。1986年他翻译了荷兰名著《马格斯·哈弗拉尔》，开始了荷兰文学翻译事业，目前已经翻译荷兰书籍20多部。

先谈鸟蛋再谈鸟（1）

先有鸡，还是先有鸡蛋？

当然是先有鸡，因为鸡蛋是鸡下的呀！

当然先有鸡蛋，因为小鸡是从鸡蛋里钻出来的！

是的，但谁在21天前下了鸡蛋呢？难道是复活节兔子吗？

兔子不下蛋，所以先有鸡！

你们两个可以一直这么争下去，但永远不会得到答案。因此，请你们安静地看完这本书，我会给你们解答这个问题。

那好吧。

你先告诉我：先有鸡还是先有蛋？

答案应该是：先有蛋。鸟类，当然也包括鸡，是从恐龙进化而来的，而恐龙是下蛋的。恐龙用土和叶子覆盖它的蛋，很可能还守护过它下的蛋。后来发生了一些神奇的变化：有的恐龙身上长出了羽毛，有的恐龙坐在蛋上孵蛋。恐龙是先孵蛋，再有羽毛；还是先有羽毛，再孵蛋？这个我们不知道，但肯定是先有恐龙蛋，然后才有鸟，这之后才有鸡。

也就是说，第一只鸟其实是飞翔的“恐龙”。一只会下蛋、孵蛋、身上有羽毛的“恐龙”。因此，答案是先有蛋，然后在亿万年之后才有鸡。

鸡蛋生下来的时候，是尖的那端先出来，还是圆的那端先出来呢？

很多科学家用了各种办法，想找到这个问题的答案。最后，一位德国科学家训练鸡在他办公桌上下蛋。通过观察，他确定了鸡蛋是圆的一端先出来。

在鸡即将在他的办公桌上下蛋时，这位科学家小心翼翼地把铅笔伸到鸡屁眼旁——鸡蛋正好在屁股里准备出来了——科学家用铅笔在蛋壳上画了几笔，然后耐心等待。

过了一个小时，鸡蛋终于出来了。先出来的是圆的一端，但有笔迹的一端是尖的一端。**什么？**鸡蛋在出来之前翻了个个儿。最初是尖的一端朝下，但后来鸡蛋翻了一个个儿，圆的那端向下先出来。**为什么？**科学家至今还没有找到答案。

这就是科学好玩的一点：从来不会终结。现在我们回到这本书。这本书的母本是200多年前，在1770年由科内利斯·诺泽曼（Cornelis Nozeman）、克里斯蒂安·赛普（Christiaan Sepp）及其儿子杨·克里斯蒂安·赛普（Jan Christiaan Sepp）开始写的，名叫《荷兰的鸟类》。

因为科学发展了，我们现在知道了很多他们当时不知道的事情。等250年后，你的孙子的孙子的孙子也会知道很多我们不知道的事情。例如，鸡蛋生下来之前要翻个个儿的原因。

先谈鸟蛋再谈鸟（2）

诺泽曼和赛普

克里斯蒂安·赛普和他儿子杨·克里斯蒂安·赛普都是博物学家。他们来自德国，住在荷兰的阿姆斯特丹。他们掌握了大量关于昆虫的知识，还善于画画。父子俩经常将精美的画作赠送给亲友。但随着时间的推移，他们希望能做更多的事情。他们希望有更多的人看到他们的作品，也希望画更多的动物。

在荷兰的鹿特丹有一位牧师，他想制作一部鸟类图鉴。那位牧师叫科内利斯·诺泽曼。除了教堂的工作，他把所有的时间用于对鸟类的研究。

有一天，诺泽曼和赛普父子相遇了。或许是诺泽曼给赛普父子写了信，谈了自己的打算。我们不了解具体过程，但我们确知那次相遇或那封信改变了他们的生活。

他们制作的是荷兰历史上最大和最贵的书之一。克里斯蒂安·赛普负责作画和刻版。他的儿子杨·克里斯蒂安·赛普负责书的出版。科内利斯·诺泽曼负责写书的文字内容。这次合作出版，许多鹿特丹人和阿姆斯特丹人先后加入，直到59年后才完成了《荷兰的鸟类》全书。

59年？
这差不多是一个人的整个人生！
谁会愿意去干这种事呢？

诺泽曼和赛普父子干了这件事。他们知道自己可能不能亲自完成这本书，但他们喜欢这项工作，并且希望跟别人分享这项工作的快乐。他们相信他们的接班人会完成这本书。最终，他们的愿望果然实现了。

原作是在1770年到1829年写成的。

很多人参与制作《荷兰的鸟类》这本书。最重要的是作者、画家和雕刻家。画家画鸟，雕刻家再把画作刻在铜版上。将铜版刷上墨水，然后印在纸上。随后用手工在画上涂色。那些画家、雕刻家和涂色匠是在赛普家族的监督下完成工作的。

科内利斯·诺泽曼于1786年去世。当时他已经为写作这本书忙碌了17年。马蒂努斯·霍图恩（Martinus Houttuyn）接替了写作工作，他在12年后的1798年去世。

康拉德·特明克（Coenraad Temminck）帮助完成了出版工作。他是赛普家的顾问。特明克采用了他前任的笔记。

诺泽曼的规则

在开始写作之前，诺泽曼制定了几条重要的规则。他说：

1. “我们仅仅描述在荷兰孵蛋的鸟。”

2. “我们按照鸟被送到我这里的顺序描述它们。就每只鸟而言，必须发现其鸟巢和至少一枚鸟蛋，这样我们才知道这只鸟的确是在荷兰孵蛋的。”

3. “只有所有信息都找齐了，我们才开始描述这种鸟。”

因为这些规则，《荷兰的鸟类》写得有点儿乱，没有逻辑。这本书包括猛禽、水禽、鸣禽等各种各样的鸟，并没有按照分类顺序排列。

有时诺泽曼的助手们能够抓到一只鸟，但找不到鸟巢。或者他们找到了鸟巢，但里面没有鸟蛋，或者鸟蛋被打碎了，于是需要找新的鸟蛋。由此，一种鸟的描述会拖好几年。

因此，花了很长的时间才完成这本书。书的制作者每次给读者寄去书的一章，就像订阅杂志似的。这样的一章包含着一两幅鸟画和相关描述。

在59年后，一共收集到了大约200种鸟，画成250幅图。

在目前我们看到的这个新版本里，我们采用了诺泽曼的顺序。但不能采用所有250幅鸟画，只选择了一部分。这几十只幸运鸟，可以在本书里重新展开翅膀。

嘿嘿！现在我们终于，
终于可以开始谈鸟了！

在霍图恩去世后，文字部分由赛普家族成员撰写。雕刻家克里斯蒂安·赛普于1775年去世。他的儿子**杨·克里斯蒂安·赛普**于1811年去世。他的孙子与康拉德·特明克一起完成了图书的编纂。

目前，在荷兰还能找到几套《荷兰的鸟类》。海牙的皇家图书馆有这部书，阿提斯动物园也有一部。另外，荷兰自然博物馆当然也有一部，因为这家设在莱顿的博物馆的创始人就是康拉德·特明克，即与杨·赛普一起完成了原作的人。

这部书里的鸟画都来自海牙的皇家图书馆。我们为什么要专门注明这一点呢？因为所有的鸟画是用手工涂色的。这意味着即使是同一种鸟在每部书中也会有一点点差别。比如，藏于海牙的书里的欧亚鵟（kuáng）与藏于阿姆斯特丹或莱顿的书里的欧亚鵟就会有一点点差别，各有各的特点。

我们手里这本书的图画是古老的，但文字部分是新的。因为这么多年来鸟本身没有变化，所以我们采用了原作里那些古老的画；而我们知道的鸟类知识有所变化，因此我们更新了每只鸟的故事。

谁想教这种鸟说话，
谁就得割断它的舌系带。

鸟话 1

在荷兰的松鸦也叫弗拉芒松鸦。全世界有很多种松鸦，它们的学名都是Garrulus glandarius。不过，每个地区都有自己的亚种。例如，弗拉芒松鸦生活在荷兰、德国及佛兰德斯地区的森林里，摩洛哥松鸦在摩洛哥上方的天空飞翔。中国、尼泊尔、日本，还有西伯利亚地区也有好几种松鸦。至少有34个亚种分散在全球。任何一对相遇的雌雄松鸦，都可以共同建造一个小鸟巢。各个亚种之间只有很小的差异。各地松鸦的语言是怎样的呢？任何地方的松鸦语言都是一样的。

松鸦

Garrulus glandarius

这本书里介绍的**第一种鸟**是个喜欢吵闹的家伙。它大吵大闹地飞过来了。我们问它能不能不那么吵闹，它说不行。松鸦毕竟是松鸦，它的叫声就像电钻将钻头扎进墙壁的声音。

200多年前，诺泽曼先生在《荷兰的鸟类》一书里已经谈到了这种鸟震耳欲聋的鸣叫。现在，松鸦仍然这么吵。

诺泽曼将松鸦划入鸣禽。**松鸦是鸣禽吗？**诺泽曼先生，我们觉得它属于“闹鬼鸟”。

然而，诺泽曼先生是对的：吵吵闹闹的松鸦属于鸣禽，这是雀形目下的一个分类。称它为“鸣禽”是因为它喉咙里有一个特殊的器官*。鸣禽可以用这个器官发出比天鹅、雉（zhì）鸡等其他目的鸟更多的声音。

不过，松鸦的叫声怎么这么难听？欧乌鸫（dōng）和新疆歌鸲（qú）都是鸣禽，唱歌很好听，但松鸦胡乱大喊大叫，好像它肩负着世界的全部苦难似的。

学名：*Garrulus glandarius*
每年产蛋次数：1
每次产蛋数：5~7

鸟巢：在粗树枝上，靠近树干
孵蛋的成对雌雄鸟：大约5万只
主要食物：橡子、昆虫、鸟蛋，其他鸣禽的雏鸟
迁徙类型：留鸟
在中国：常见

松鸦的喉咙里真有那种特殊的器官吗？

是的，这一点我们是确定的。松鸦的鸣叫声音很多样，只是我们不能辨认出那些声响是不是它们的叫声。我们以为有只猫趴在树上了，或者有人用旧打气筒给自行车打气，或者很小的鸟在树枝上叽叽喳喳地鸣叫。但如果你仔细观察周围，可能会看到一只松鸦站在树枝上即兴歌唱。

鸟话2

现在世界上所有鸟种都属于一个纲。我们上面提到的鸟属于如下的目：

松鸦：雀形目（鸣禽）
雉鸡：鸡形目（请参阅第28页）
雀鹰：隼形目（请参阅第36页）
疣鼻天鹅：雁形目（请参阅第70页）

地球上有一半以上的鸟是鸣禽，属于雀形目。

松鸦似乎能够发出我们日常生活中的任何声音。从麻将牌撞击、电钻开钻到一窝刚出生的小猫叫的声音。

我们不知道它是不是像诺泽曼认为的那样真的不能学会说话，因为目前我们不会轻易地把松鸦关在笼子里。我们也不会为了让松鸦叫得更好听而割断它的舌系带。

可是……松鸦能够模仿电钻的声音，这件事诺泽曼在250年前就已经知道了。

怎么啦，在他们那个时代就已经有电钻了吗？

不，没有。但几千年来，松鸦每到秋天都要用喙把橡子钻进地里。尽管诺泽曼认为它不是把橡子钻进地里，而是钻到一棵树上。

它是在玩耍吗？

不是。

松鸦是为了筹备过冬的食物。

而松鸦在储存食物时没有声音。

---

*这种特殊的器官叫作鸣管。

白头鹞

Circus aeruginosus

过去，白头鹞（yào）**极不惹人喜爱**。不管它在哪儿现身，都会遭到攻击和驱赶。**它在任何地方都会遇到生命危险。**为什么呢？就是因为它喜欢吃小鸡，或者吃其他鸟的雏鸟。虽然这是白头鹞的本能，但人们仍然非常讨厌它。因此长期以来，谁要是把一只白头鹞从天上打下来，谁就能够得到赏金。

诺泽曼先生认为，白头鹞是不受欢迎的客人。因为它捕猎小鸡，造成鸡舍的不安宁。因此，人们把猎枪拿出来，瞄准，扣动扳机。大家一直这样做，直至50年前只剩下50只白头鹞来荷兰产蛋了。

白头鹞喜欢湿地、沼泽、芦苇和高草。在捕猎食物时，它飞得很低，以便悄悄地捕捉猎物。它不仅捕捉雏鸟，也捕捉青蛙、兔子、老鼠和小型水禽等一切能够用它的爪子抓起来的动物。

学名：*Circus aeruginosus*

每年产蛋次数：1

每次产蛋数：3~6

鸟巢：在芦苇丛中，在地上或在水上

孵蛋的成对雌雄鸟：1200只

主要食物：小型哺乳动物、小型水禽、小鸡、鸟蛋、青蛙

栖息地：有时在荷兰过冬，有时冬天飞往南欧和北非

在中国：国家二级保护动物

这种鸟的学名是卡尔·林奈想出来的，叫Circus aeruginosus。这个拉丁文名字的意思是“**在空中旋转飞翔的白头鹞**”。这个名称很合理，因为这种鸟是通过在空中盘旋来寻找猎物的。当然，很多猛禽都这么做。它是因此而得名的吗，还是因为它那令人惊叹的求偶舞蹈动作？

雄性白头鹞求偶时表演的舞蹈是你无法不喜欢的舞蹈。

为了给雌鸟留下深刻的印象，雄鸟向天空高处飞翔，然后全身旋转着往下掉落。

它

翻筋斗

来回摇晃

旋转

飞翔

再翻筋斗

一直到地面。

当在掉落的半路上遇到雌鸟时，雄鸟就把脚伸向对方，好像要把戒指送给对方似的。

看了激烈的求偶舞蹈后，我们也能更好地理解白头鹞的学名。白头鹞不仅是可以在天空中转圈飞翔的鸟，更是**空中杂技演员**。要不然，为什么林奈给了它circus（马戏团一般的）这个名字呢？白头鹞表演的动作，实际上都是纯粹的马戏技艺。庆幸的是，这些技艺现在终于受到了重视。现在白头鹞在荷兰的数量重新超过了1000只。

在3月眺望天空的人，能够看到一场“马戏”演出，而且还是免费的呢！

另外……你可以捕捉它们，
不过只能用照相机。

鸟话

卡尔·林奈是瑞典的博物学家，他是诺泽曼的同时代人。他让很多动物有了学名。林奈并不是学名的发明者，但他推动了那些学名的普及。最终林奈选择的名称成了标准。

在诺泽曼生活的时代，白头鹞有各种名称：kiekendief、klem或者koop。在其他语言中，同一种鸟也会有各种名称。这取决于你居住在哪里。但是，一种动物或植物的学名，在全世界都是一样的。这样也就避免了科学家之间因为名称而产生混乱。林奈是在1758年想出白头鹞的学名的。

过去，捕捉或打死这些猛禽的人，
多半是会获得奖励的。

大斑啄木鸟

Dendrocopos major

假设：你骑着自行车全速撞上了红绿灯的杆子。于是你被撞成脑震荡，躺在斑马线上。一般来说，情况会很糟糕。但你所受到的冲击力，还是无法与啄木鸟用喙敲击树干的力量相比。而且啄木鸟不是敲击一次，而是一天内敲击数千次。

您说什么，诺泽曼先生？

红绿灯是什么？斑马线和自行车又是什么？

哦哦。我们从头再来吧。

假设：你在骑马，全速朝着关闭的城门奔跑。马在门前及时停住，但你却越过马的脖颈儿飞向城门。于是你被撞成脑震荡，然后跌落在满地的灰尘中。

啄木鸟是怎么做到的呢？它怎么能够不停地连续敲击树干，却没有因为脑震荡掉下去呢？它为什么在连续敲击一百次后没有全身无力地躺在树下呢？天哪，它是怎么做到的呢？

原来，啄木鸟脑袋里有“安全带”和“气囊”。

您说什么，诺泽曼先生？

没有明白是什么意思……

接下来我们会给您解释。

啄木鸟的喙有特殊的构造，能够在啄木时减弱冲击的力量。啄木鸟的头骨里几乎没有液体，这使得它在敲击树干时，大脑不会朝着四面八方晃动。它的大脑好像是牢牢地固定在头盖骨下面似的。另外，它极长的舌骨能很好地固定住颅骨。因此，即使连续敲击，它也不会发生脑震荡，也不会头疼。

它为什么喜欢像机关枪那样吵吵闹闹？

有些鸟唱着快乐的曲子，以表明它们不希望其他鸟闯入它们的领地，而另一些鸟喜欢疯狂地敲击树干。

此外，通过一系列强有力的敲击声，成对的雌雄啄木鸟能让对方知道它们在森林的什么地方，方便它们寻找对方。因此，啄木鸟一般敲击两种曲子：“滚蛋啄击曲”和“爱情敲击曲”。

现在你能听到越来越多的“爱情敲击曲”了，因为大斑啄木鸟的生存状况很好。它们有时会离开森林，去花园和马路上“表演”它们的敲击曲。甚至有些啄木鸟会敲击交通标识牌，也许它们觉得敲击金属的声音很好听。

您说什么，诺泽曼先生？

老天啊，算了吧。

学名：*Dendrocopos major*
每年产蛋次数：1
每次产蛋数：5~7

鸟巢：在较软的树干上啄成
孵蛋的成对雌雄鸟：6万只
主要食物：虫子
迁徙类型：留鸟
在中国：“三有”保护动物*

*“三有”保护动物，即国家保护的有重要生态、科学、社会价值的陆生野生动物。

啄木鸟在树上时，用喙有力地敲击树干。

鸟话

据一位博士计算，一只啄木鸟每天大约“演奏”500次敲击曲。每支敲击曲持续2.1~2.7秒，由35~44次强有力的敲击声组成。每次敲击的力量相当于人类以25km/h的速度用脑袋撞墙时所受的冲击力。

黑尾塍（chéng）鹬（yù）是荷兰的国鸟。但这也没能让它们逃过栖息地被破坏的命运。

鸟话

黑尾塍鹬被列入了全世界濒危物种红色名录。这些动物需要我们特别关注。黑尾塍鹬的雏鸟很少能活到成熟的年龄，种群数量正在快速减少。2016年在荷兰只有4000只黑尾塍鹬了，而要维持这个物种的存在，至少需要1.1万只。

黑尾塍鹬

Limosa limosa

如果诺泽曼先生还活着的话，他可能会在看到下面的消息时咯咯地笑起来。

“欢迎参加欢迎黑尾塍鹬的周末活动！”

哈哈！这是一个笑话吗？那个周末正好是4月1日愚人节吗？有人准备好了标语牌来欢迎黑尾塍鹬吗？

这不是笑话，这是非常严肃的事情。当这些夏季的客人们从非洲回到荷兰时，虽然没有人举着旗子欢迎它们，但是，在3月23日开春前后，确实有数以百计的粉丝走出家门去观看、拍摄、描绘、点数和保护这些在荷兰非常出名的鸟。

学名：*Limosa limosa*

每年产蛋次数：1

每次产蛋数：3~4

鸟巢：在地上的草里

孵蛋的成对雌雄鸟：大约4000只，但每年都在减少*

主要食物：蚯蚓和大蚊幼虫

迁徙类型：夏候鸟，冬天飞往西南欧和西非

在中国：“三有”保护动物

您说什么，诺泽曼先生？啊，那些粉丝做的事情没有完全列举出来？那我们就赶紧补充一下。他们还可能开枪打死它们，吃掉它们以及捡它们的蛋。

诺泽曼先生，我们最好还是称呼黑尾塍鹬为**“荷兰的国鸟”**。这是因为黑尾塍鹬每年会选择来荷兰孵蛋。大部分黑尾塍鹬都在荷兰的草地上着陆，在那儿抚养雏鸟长大。它们就是喜欢荷兰草场的潮湿的土地。在阿姆斯特丹周围孵蛋的黑尾塍鹬比在法国和英国的加起来还多。

在多年以前，有人想进行一次**国鸟的选举**，所有的荷兰人都可以参加。如同美国国鸟是白头海雕、英国国鸟是欧亚鸲、印度国鸟是孔雀那样，荷兰也要选择一种国鸟。许多爱鸟专家忧心忡忡：万一人民选择的是猫头鹰，或者蜂鸟，该怎么办呢？这两种鸟确实很棒，但不是很有民族性。鸭子或者椋鸟的确有民族性，但并不让人惊叹。

幸亏选民有智慧！黑尾塍鹬以很大的优势获得了第一名。第二名是欧乌鸫，第三名是麻雀。**好消息就说到这里。**

坏消息是黑尾塍鹬的数量越来越少。草场再也不是以前的样子。因为农场主把草地弄得太干了，黑尾塍鹬能找到的食物越来越少了。农民在春季很早就开始割草，以致所有黑尾塍鹬的鸟巢原材料都消失在牛饲料里。

不过，因为现在黑尾塍鹬被“加冕”为荷兰国鸟，而且每年都举办**欢迎黑尾塍鹬的周末活动**，形势肯定会改变，黑尾塍鹬的数量肯定也会重新增长。

您说什么，诺泽曼先生？在菜单上也会出现更多的黑尾塍鹬菜肴吗？我们认为不会的。我们跟您一样非常喜爱黑尾塍鹬。不过不是在餐盘上的，而是在草丛里散步的黑尾塍鹬。

---

* 现在，黑尾塍鹬的数量正在增加，远超4000只。

欧亚鸲

Erithacus rubecula

也许……
不，很可能……
不，我们能够确定：

欧亚鸲俗称知更鸟，是欧洲最可爱、最好玩、最容易辨认、最快乐、最爱唱歌和最有冠军相的小鸟。

最有冠军相？
一只鸟怎么可能是最有“冠军”相的呢？
欧亚鸲能做到。它是拥有带“最”字头衔最多的鸟。

如果有人看到了一只欧亚鸲，马上就能认出来，不可能看错。褐色的背部，米黄色的肚子，橙红色的胸部和左右两边有蓝灰色边缘的脸蛋儿，脸蛋儿上方有好奇地看着你的两只褐色眼睛。你不可能把它跟其他鸟混淆。

学名：*Erithacus rubecula*
每年产蛋次数：2
每次产蛋数：5~7
鸟巢：很邋遢，在地上或者在略微高于地面的地方
孵蛋的成对雌雄鸟：35万～450万只
主要食物：昆虫、小蜘蛛
栖息地：在荷兰可以全年看到，但不一定是同一批的鸟
在中国：不常见

欧亚鸲几乎全年都在唱歌。它们不像欧乌鸫和其他鸫类那样等到春季才开始唱歌。欧亚鸲想唱歌就唱歌，如果必要的话，夜间也唱歌。而且，唱歌的不仅仅是雄性欧亚鸲，雌性也跟着唱歌。因此，我们可以在上面列出的欧亚鸲的特征中再加上“喜欢活动”这一点。欧亚鸲除了是最可爱、最好玩的鸟，还是最喜欢活动的鸟。这和诺泽曼先生在200多年前写的完全一样：它是很喜欢参加温馨热闹的集体活动的小动物。

现在我们谈完了“小冠军”的情况了吗？
当然没有，这才刚开始呀。好好听着！

欧亚鸲并不只是可爱和好玩，它们还非常喜欢互相争斗。它们之间的打斗不是轻轻的，有时会打到对方死掉为止。如果一只欧亚鸲因迷路飞入另一只欧亚鸲的领地，它们就会打架。它们会像公牛那样冲向对方的橙红色胸脯。真的呀？！科学家曾经试验过，他们把一小块红布挂在欧亚鸲笼子里。那块红布一直遭受攻击，直至它“死掉”了。当然喽，如果一块布能“死掉”的话。

欧亚鸲雏鸟的胸脯上长有带褐色斑点的羽毛，这是为了避免被自己的父母“剁成肉馅”。直到雏鸟离开鸟巢时，它们身上才会长出红色羽毛。

欧亚鸲是很有意思的小动物。但是也许我们还可以给上面列出的特征再加上“最嗜血的”这一点。

最后还要简单说一个小知识：欧亚鸲虽然全年都能看到，但你看到的未必是同一批鸟。它们有的是夏候鸟，有的是冬候鸟。

这又是怎么回事呢？很多欧亚鸲每年迁徙两次。夏天我们在荷兰看到的孵蛋的鸟，在冬天又动身去了法国和西班牙。取代它们的是从冰冷的俄罗斯和斯堪的纳维亚半岛来到我们这里的欧亚鸲。荷兰和比利时是中途接待它们的国家。在夏季，南欧的欧亚鸲来拜访我们；在冬季，北欧的欧亚鸲来拜访我们。还有少量的欧亚鸲一直滞留在我们这里。然而，很少有人注意到这一点。

鸟话

为什么这只欧亚鸲在冬天选择离开荷兰，而另一只选择留下来呢？每种决定都有好处和坏处。留下来可以在来年初春最早选择好的孵蛋地点。然而，如果冬季非常寒冷，留下来的鸟饿死的可能性很大。离开的鸟将面临危险的旅程，但抵达目的地后，它们能在温暖的气候下获得足够的食物。

欧亚鸲与周围人类的互信和合群，让它们在任何地方都惹人喜爱。

鸬（lú）鹚（cí）属于鹈形目，这个目的鸟以吞鱼为生。

鸟话

有些学者认为鸬鹚展翅不是为了把翅膀晾干，而是为了更好地消化食物，因为有时鸬鹚展开的翅膀是干的。它们也有可能只是为了向同类炫耀：“嘿，伙计们，我吃了一顿美餐！”即便它们不一定吃过东西。因此，真正的答案还没有找到，还要继续观察研究。

普通鸬鹚

Phalacrocorax carbo

在诺泽曼和赛普生活的年代里，**鸬鹚**还在水边呼呼地扇动翅膀，捕捉鱼类。然而，不久前这些可怜的黑色“潜水员”在荷兰几乎灭绝了。

为什么？

因为渔夫大量地毒杀它们，用枪把它们从天空打下来，甚至把它们吊死。

怎么会这样呢？

因为它们吃的鱼太多。

吃的鱼太多？

听着，如果一个人吃得太多，他的肚子就会鼓起来。这没有什么。如果一只鸟吃得太多，它的肚子也会变大。这是很大的问题，因为它就飞不起来了。因此，一只鸟永远不会吃得太多。鸬鹚绝对不会吃得太多，因为这会让它们捕获猎物变得更加困难。

每天0.5千克鱼就足够它生存，但很多人连那点儿鱼也不愿给它，因此必须把它弄死。不过那些人没有成功。鸬鹚有段时间消失了，但现在又回来了。

很多人见过鸬鹚，但并不知道它的名字。当他们看见一只展开翅膀的黑鸟停在高速公路旁一根路灯的灯杆上时，他们想：这是什么怪鸟呢？好像一个正在说教的牧师，或者像是要为所犯的错误而求饶的人。诺泽曼先生把这“错误”称为“吞鱼行径”。

请大家原谅啊，原谅我吃掉你们的鱼。

请大家原谅我还活着。

在吃鱼方面，鸬鹚是一个特例。多数吃鱼的鸟类是喙朝下，在水面上等待着，等鱼游过来时才用喙叼起来，就像苍鹭和海鸥所做的那样。有些鸟飞翔在水面上方，用爪子把猎物从水里捞出来，鹗和海雕就是这么干的。鸬鹚的做法不一样：它跳进水里去追捕猎物，必要时甚至追到湖底。

学名：*Phalacrocorax carbo*

每年产蛋次数：2

每次产蛋数：3~4

鸟巢：成群地建造在树上（诺泽曼说是在水上）

孵蛋的成对雌雄鸟：2万~2.5万只

主要食物：鱼，鱼，还是鱼

迁徙类型：留鸟

在中国：“三有”保护动物

多数鸟类的羽毛上有一层脂肪，它们不可能潜水到那么深的地方。因为有这层脂肪，当它们在水上漂浮时，或者在一次倾盆大雨后，它们的身体可以保持干燥和温热。但鸬鹚的羽毛上几乎没有什么脂肪。它故意使自己湿透了，在水里变得头重脚轻，这样，它不会重新漂浮到水面上，而是更容易潜到深水捕捉鱼。

超级聪明！

鸟在捕鱼后身体湿透了，就很难飞起来。因此鸬鹚每次捕鱼后必须吹风晾干身体。于是就有了它每天几次展开翅膀停在电线杆上“忏悔”的情形：

请原谅我，渔夫们。

请原谅我，鱼类。

请原谅我，诺泽曼先生。

请原谅我，荷兰、欧洲、世界、银河系、宇宙，请原谅我吃了0.5千克鱼。

请原谅我，1000次，**请原谅我**。

好吗？

好了，现在到了今天最后的捕鱼机会，我要跳进凉爽的水里，吃一条美味的肥鱼。

雄性鹪（jiāo）鹩（liáo）每天叽叽喳喳闹个不停，是为了吸引更多的雌鸟繁育后代。

鸟话

在荷兰严寒的冬天里，四分之三的小鹪鹩会被冻死，总数是几十万只。为了弥补损失，在严冬之后下一年的春天里，鹪鹩一次产的蛋就不止6枚，有时能达到16枚。

鹪鹩

Troglodytes troglodytes

你肯定遇到过这种人：在学校操场上乱晃的小鬼们。他们胡说八道，但个子比门墩儿高不了多少。他们的胆量是从哪儿来的，这是一个谜。他们能让所有人都倾听他们说话，或者说，他们非常固执地逼迫大家一定要听他们说话。

这跟鹪鹩有什么关系呢？因为鹪鹩的行径跟那种小鬼的行径完全一样。

它是欧洲最小的鸟之一。春天和夏天都过去了，当几乎所有的鸟都闭嘴的时候，鹪鹩继续叽叽喳喳地鸣叫，不管当天有雨还是没有雨。当你经过那样的小家伙身边时，你简直会耳鸣。鹪鹩就像音量被调到最高的小型扩音器。

它的外表不引人注目。它的羽毛颜色是像面包那样的褐色，背部羽毛比腹部的更鲜亮。当它飞翔时，它用小小的翅膀发出嗡嗡的声音。

学名：*Troglodytes troglodytes*
每年产蛋次数：2~3
每次产蛋数：5~7

鸟巢：一般为球形或碗形，里面放了兽毛或鸟羽，隐藏在灌木丛、石缝以及树洞里
孵蛋的成对雌雄鸟：50万～60万只
主要食物：昆虫、小蜘蛛、种子
迁徙类型：留鸟
在中国：常见

它总是忙个不停，不断地从一个灌木丛跳到另一个灌木丛，让你看了之后会感到烦躁。

鹪鹩真能吵闹！

一年之计在于春，雄性鹪鹩在春天要建造大约6个鸟巢。6个。为什么？为什么？为什么？造完巢，它就高兴地大声歌唱。当一只雌性鹪鹩过来看时，它就可以选择在最美的鸟巢里产蛋。丈夫解决鸟巢的外表，妻子负责内部装修。当雌性鹪鹩终于坐在自己的蛋上时，丈夫可以安心地把第二只，有时甚至是第三只雌性鹪鹩吸引过来。鹪鹩拥有足够多的鸟巢，有足够的能量，还有足够的ADHD（注意缺陷多动障碍）。

ADHD是什么呢，诺泽曼先生？这是一种现代化的事情。人类很难解释鹪鹩的行为。

压力，
压力，
压力。

永远没有时间休闲一下。

然而，如果没有这样的忙碌行为，鹪鹩就无法生存。这是因为它很难适应寒冷的天气。如果冬天来到了，而且是严寒的天气，鹪鹩会因为体形小而被成群地冻死。它们必须建造很多鸟巢并生很多雏鸟，并且终日劳碌。

因此：

ADHD万岁！
（但仅仅限于鹪鹩！）

灰伯劳

Lanius excubitor

诺泽曼和赛普的厚书，差一点儿没有给这种鸟安排位置。为什么呢？因为诺泽曼以为灰伯劳只在冬天来荷兰。“谁不在我们夏天的太阳下建造鸟巢，谁就不是属于我们的鸟类。”规矩就是规矩。

学名：*Lanius excubitor*
每年产蛋次数：尚不清楚
每次产蛋数：尚不清楚
鸟巢：不清楚
孵蛋的成对雌雄鸟：没有
主要食物：蜥蜴、田鼠、小鸟、大昆虫、青蛙
迁徙类型：冬候鸟，春天飞往北欧和东欧
在中国：“三有”保护动物

灰伯劳出局了。

可是……后来有个来自兹沃勒附近的人拜访了诺泽曼先生。他带来了一个灰伯劳的鸟巢。对牧师来说，这可是惊天动地的事。那个人还带来了雄鸟和雌鸟以及它们的蛋。这不可能有错，灰伯劳由此可以被纳入“荷兰鸟类圣经”。

灰伯劳这个学名的意思是“站岗的屠夫”。

啊！这听起来很吓人。

给这种鸟取名字的人——还是那个瑞典人林奈——是不是看了太多的恐怖小说？

没有的事，他只是很仔细地研究了这种小鸟的行为。

灰伯劳是鸣禽，但从行为看，它更像猛禽。它不吃种子、梅子或饲料板上的面包块，它吃的是肉。它一旦锁定了一个猎物，就会俯冲到猎物身上，然后用强有力的喙把猎物彻底啄死。但灰伯劳不会立即吃掉猎物，而是把它带到灌木丛，存放在那儿。为了防止捕到的那些老鼠、蜥蜴、甲壳虫或鹪鹩从树枝中间掉落在地上，灰伯劳把受害者插在一根刺儿或尖利的树枝上。它做的事情跟屠夫做的一样：将肉牢牢地插在钩子上，让肉安全地吊在那儿，直到需要的时候再吃。

鸟话

在1950年前后，荷兰还有几十对孵蛋的雌雄灰伯劳。但因为灰伯劳的生活区域受干扰严重，每年建造鸟巢的灰伯劳越来越少。1999年，在北费吕沃只剩下一对灰伯劳了。如果你在夏天能幸运地看到一只灰伯劳的话，那它就是一只独身的灰伯劳。它是在冬天之后留下来的，而且没有在国外建造鸟巢。

它为什么叫作“站岗的屠夫”，而不是“唱着歌的屠夫”，或者“戴着面具的屠夫”，或者“黑白灰色的屠夫”？

林奈把灰伯劳叫作“站岗的屠夫”，是因为它常常停在树顶或电线杆子上守望，密切注视周围的情况。如果有一只猛禽飞来，它会向整个“居民区”发出警报，让所有动物都知道：强盗来了！灰伯劳既站岗又屠杀，因此，这是鸟类之国的恐怖剧角色。

但它再也不在荷兰孵蛋了。用诺泽曼的话来说：灰伯劳再也不是荷兰的鸟。然而，它还是被收入这本书中，说不定不久后还会有人带着一个它的巢来拜访我们。

哦……一个小鸟巢的照片。有着站岗的灰色“小屠夫”的小鸟巢。

灰伯劳曾经也在荷兰安家，
但现在，在荷兰已经几乎
看不到它们了。

新疆歌鸲的翅膀表面和背部羽毛以及18根飞羽，全部都是不起眼的棕色。

鸟话

每年5月1日，欧洲会发生一件特别的事情。这天早晨会播放《欧洲电视鸟类歌唱大赛》节目，从凌晨3点钟起，你可以听连续4个小时的广播，不间断地听到各种鸟的歌声。这个令人兴奋的节目从莫斯科开始，因为太阳首先从俄罗斯升起。接着挪威电台接管广播工作。然后轮到荷兰的广播节目《早晨的鸟》，全欧洲都能够听到特克赛尔岛上的蓝点颏（ké）（请看第62页）和新疆歌鸲的歌声。在荷兰之后轮到了英国广播公司。比赛就是这样进行下去的，一直到整个欧洲被太阳叫醒，鸟的歌声才消失。鲜为人知的蓝点颏和它著名的“堂兄”新疆歌鸲，谁赢得了这场比赛呢？

新疆歌鸲

Luscinia megarhynchos

新疆歌鸲俗称夜莺。它的长相犹如一片橡树叶那样。它是棕色的，彻头彻尾的棕色。说得客气一点儿，它貌不惊人。谁要想看到它，就必须很有耐心。因为这个小歌手非常隐蔽地躲在严实的树叶之间，让你找不到它。即使看见了它，你也会认为那只是一片枯萎的叶子而已。

新疆歌鸲的优势不在外貌，而是在它的歌喉。《欧洲电视鸟类歌唱大赛》节目每年都会有同一个冠军：

THE NIGHTINGALE,
THOUSAND POINTS.

LE ROSSIGNOL PHILOMÈLE,
MILLE POINTS.

（以上为英文和法文的“新疆歌鸲，一千分”。）

其实这不是什么新闻。大家都知道新疆歌鸲善于歌唱。尤其在夜晚它会好好地表现自己。这肯定是为了引诱雌性新疆歌鸲吧？因为，它唱得越好听，当然就有越多的雌性新疆歌鸲去灌木丛里到它那儿报到。

学名：*Luscinia megarhynchos*
每年产蛋次数：1
每次产蛋数：3~7
鸟巢：很靠近地面，在树枝和荨麻之间
孵蛋的成对雌雄鸟：大约7000只
主要食物：各种昆虫的成虫和幼虫，蠼（qú）螋（sōu）、蚯蚓和盲蛛
迁徙类型：夏候鸟，从7月起飞往热带非洲
在中国：国家二级保护动物

很长时间以来我们确实一直认为雄性新疆歌鸲是为了雌鸟而唱歌的。这当然也是正确的，但我们不知道的是，在那些歌声里隐藏着一些信息，雌性新疆歌鸲评判性地聆听那些信息。那种评判的尺度可并不宽松，是十分严格的，像奥运会单杠项目的评判标准那么严格。这是因为，关键不在于雄性新疆歌鸲是否在灌木丛里完全放开歌喉歌唱，或者把自己掌握的180支曲子先后都唱出来，而在于节奏，在于曲子的韵律。

每只雄性新疆歌鸲不仅要掌握那180支曲子，还要善于发出250种不同的颤音、笛音和长音。年轻的雄性新疆歌鸲都必须学习，而且要将这些都唱出来。如果是乱七八糟地把自己掌握的曲子不严肃地唱出来，就不会给雌性新疆歌鸲留下好的印象。雌性新疆歌鸲关心的是曲子的结构，哪个颤音是在哪个时刻重复的。它们在寻找树枝上的“埃普克·宗德兰德”（荷兰体操运动员，获得了2012年奥运会单杠项目的金牌），它们寻找的是平衡、连贯和吸引力。

雄性新疆歌鸲越老，它唱出的混合曲就越好听。雌性新疆歌鸲希望听到好听的混合曲，因为事实证明，好的歌手才是好的父亲。混合曲唱得好的雄性新疆歌鸲更频繁地给雌性新疆歌鸲和雏鸟送来食物，因为它们非常清楚应该在哪儿找最好吃的东西。它们熟悉森林，熟悉风险，与此同时它们还能唱着曲子把竞争对手轰走。

因此，对新疆歌鸲来说，美是内在的。值得庆幸的是，一旦有机会，它们就会用歌声把这种美表达出来。不仅雌性新疆歌鸲在听到精彩华丽的雄鸟的歌曲时会痴迷，我们人类也会痴迷。雄性新疆歌鸲很幸运，因为我们人类的耳朵远不如雌性新疆歌鸲的耳朵那么挑剔。不过，我们也不需要让它们像对待雌性新疆歌鸲那样喂我们——小蚯蚓、蚊子和其他虫子的幼虫。

雉鸡

Phasianus colchicus

雄性雉鸡像无论白天黑夜都穿着金丝织成的制服来回行军似的，肩膀上挂着青铜色的肩章，而胸部缝了铜纽扣。雉鸡不是当代的卫兵，也不是穿着迷彩服躲在枯萎的灌木丛后面的士兵；它是穿着华丽盔甲进行战斗的骑士。

当它在田野走向它的敌人时，它的身体在阳光照射下闪闪发亮。它昂起油亮的蓝绿色脑袋，面颊好似樱桃汁那样艳红。它的雌性伴侣不止一只，这些雌性伴侣必须全都受它的守护和监视。它是来自远东的司令，通过用它的喙啄击对手来维护自己的权威。但它是文明的，因为雉鸡间很少发生流血的争斗。

雄性雉鸡不允许其他雄性雉鸡靠近自己；它们为争夺雌性雉鸡战斗，直到竞争对手逃跑为止。

鸟话

以前，在荷兰从每年的 10 月 15 日到次年的 1 月 31 日，你可以猎捕雄性雉鸡；从 10 月 15 日到 12 月 31 日，你可以猎捕雌性雉鸡。

腊肠犬、杰克罗素梗犬和德国猎犬都是用于打猎的狗。

它们可以追赶雉鸡，也可以把射中的鸟叼起来，然后送给它们的主人。

我们希望取消打猎活动，

希望狗狗今后学习的仅仅是捡球和送球。

学名：*Phasianus colchicus*

每年产蛋次数：1

每次产蛋数：10~14

鸟巢：在野地的小坑里，坑里垫着草和羽毛

孵蛋的成对雌雄鸟：5万～6万只

主要食物：水果、草、花蕾和种子

迁徙类型：留鸟

在中国：“三有”保护动物

原来欧洲没有雉鸡。它来自亚洲：中国、阿塞拜疆，还有遥远的西伯利亚和东南亚地区。几百年前——具体多少年，谁也不知道——它被送到我们这里来。这是因为人们认为，朝它射击然后把它做成美味佳肴吃掉是很好玩的。

诺泽曼知道了这一切，而至今人们仍然觉得娱乐性猎杀动物是好玩的事情。**雉鸡是世界上被人捕猎得最多的动物。**在打猎网站上比在护鸟网站上能够找到更多关于雉鸡的知识。这并不奇怪，为了捕到猎物，猎手必须先掌握它的全部秘密。

例如，**比起飞翔，雉鸡更喜欢行走。**为了隐藏自己，雉鸡紧贴在地面上，几乎不散发任何体味。这样一来，像狐狸那样嗅觉灵敏的动物都找不到它。

打猎网站会给你一个这样的小贴士：当你打中了一只雉鸡但它还活着时，你要记住最后看见它的位置，因为你的狗很可能找不到它。

注意！

网站还会给你一个贴士：不要猎杀太多的雌性雉鸡，否则来年将没有可以猎取的新雉鸡。

因此，猎人们留下了如下的谚语：“被枪击的雌性雉鸡，在来年春季不产蛋。”他们说这是猎人的智慧，但这应该成为大家的共识。

您说什么，诺泽曼先生？应该放出一批人工饲养的雉鸡，然后猎捕它们？

在您生活的年代，的确发生了这样的事情，但现在这种做法已经被禁止了。

我们现在等待全面的禁令发布，不能再有带着狗和枪的猎人在农田上奔跑。那个战场应该属于对谁都无害的、仅仅为了争夺雌性伴侣而去战斗的具有骑士精神的雄性雉鸡。

您说什么，诺泽曼先生？我用错了词？

您的纠正很好：雄性雉鸡不是为了争夺雌性伴侣们而战斗的，它是为了保护自己的妻子们而战斗的。谢谢您，诺泽曼先生。

凤头䴙䴘

Podiceps cristatus

凤头䴙（pì）䴘（tī）始终在你附近存在，但不会轻易引起你的注意。它很像你班里最安静、最温柔的女孩子。你也不会经常看到她站在你旁边，而实际上她的的确确从你旁边走过。你不会记得她，你在发糖果时不会想到她，在写生日聚会要邀请的同学名单时也会忘记她，而实际上你非常需要她。

在荷兰，凤头䴙䴘是一种几乎谁都会忽略的鸟，它在夏季过后静悄悄地回家。它从城市乡村消失，迁到艾瑟尔湖以及其他有开放水域的地区。

在那儿它会脱下自己漂亮的夏装，然后孤独地生活，为来年的春天做准备。而当春天到来，你终于关注到这种害羞的鸟时，会感到非常吃惊。**这时你会想：我怎么一直忽略了凤头䴙䴘呢？**这种鸟怎么那么善于隐藏呢？在那厚厚的羽毛下面的确隐藏着一个天才啊！

在春天，凤头䴙䴘回到了水沟、湖泊和其他适合建造鸟巢的水域。这时，它戴上了五颜六色的美丽"头饰"。不仅雄性䴙䴘这样做，雌性䴙䴘也打扮得非常靓丽。它们要出去"打猎"，不是为了获得食物，而是为了俘获对象。当它们互相瞄准了对方时，宴会就可以开始了：两只䴙䴘各自表演舞蹈节目。

学名： *Podiceps cristatus*
每年产蛋次数： 1
每次产蛋数： 3~4

鸟巢： 在水上用树枝和水草筑成
孵蛋的成对雌雄鸟： 大约1.5万只
主要食物： 鱼
迁徙类型： 留鸟
在中国： "三有"保护动物

鸟话

凤头䴙䴘雏鸟刚从鸟蛋里钻出来时，会从它父母亲那里得到一根绒毛。它必须把绒毛吃掉，才可以吃第一条小鱼。绒毛会保护它的胃和肠子，让它们不会受到尖利鱼刺的伤害。

还有一件事：这是诺泽曼亲自描述的最后一只鸟。在后面的插图里你就再也不会看到鸟巢了，因为诺泽曼的接班人认为画鸟巢是没有必要的，就没有为此做出努力。但诺泽曼认为，画鸟巢恰恰很重要，因为这样可以让读者看到，这些鸟是真正地把它们的蛋下在荷兰土地上的。

它们的动作很有节奏：转动脖子，梳理翅膀，跳到水里，然后用喙夹着水草回来。一只鸟把水草送给另一只，而另一只再把水草送回给它。它们旋转身体，把翅膀扇动成球形，互相模仿着，没完没了地这样跳舞。跳舞时伴随着凤头䴙䴘的"音乐"，这种音乐只有它们才听得见。它们在水上和水里穿梭嬉戏。**䴙䴘与䴙䴘相见，**在春天明亮的阳光照射下，它们的"大背头"闪闪发亮。在这一天很短的一段时间中，最害羞的鸟展现出了它们光彩的一面。

在宴会结束后，凤头䴙䴘重新躲藏起来。它们建造一个鸟巢，产蛋，然后轮流孵蛋。这时它们静悄悄地变成了世界上最好的父母亲。它们在游泳时把雏鸟放在背上，然后用翅膀覆盖它们，以保护它们不受苍鹭、海鸥和梭鱼的攻击。

它们很可能每天晚上睡觉前都要轻轻地对着雏鸟的耳朵说："等你们以后长大了，开始找伴侣准备结婚时，首先要完全放松自己，把自己内心里的美好都展现出来，兴高采烈地跳舞。只有这样我们才祝福你。只有在那时你才是一只大䴙䴘。不过，现在要先在爸爸妈妈的翅膀下睡个好觉。**晚安！**"

调查研究表明，凤头䴙䴘的雏鸟非常听话，父母亲吩咐的一切事情，它们一定会做到。因此，只要还有䴙䴘存在，䴙䴘舞就会永远跳下去。

提醒你，今年不要忘记邀请那个可爱的女孩子参加你的生日聚会哟！

一旦秋天冰霜降临，
这些䴙䴘要么离去，
要么躲藏起来，
在来年春天，
当冰雪融化时，
它们才重新出现。

白鹳

Ciconia ciconia

人类并没有让白鹳（guàn）消失的意图，但白鹳还是不见了。以前它自豪地在潮湿的农田踱方步，在春天用吵闹的声音宣布自己的到来，而如今已难以寻觅它的踪影。原因呢？杀虫剂、干燥的草地以及由此造成的食物匮乏。

学名：*Ciconia ciconia*

每年产蛋次数：1

每次产蛋数：3~5

鸟巢：在较高的地方，如在教堂的屋顶、树上、电线杆上

孵蛋的成对雌雄鸟：大约1800只

主要食物：青蛙、老鼠、鼹鼠、昆虫

迁徙类型：冬季飞往非洲

在中国：国家一级保护动物

白鹳不会吹哨，也不会喊叫，但会用力敲击喙的上下两部分来“说话”。它好像是你邻居家的男孩。那个男孩用力敲打信箱，告诉你他放假回来了。

在白鹳消失后，一批人坐在了会议桌周围，研究怎么样才能让它回来。开了几次会之后，他们决定建一个白鹳村*。他们在很高的杆子上建造了鸟巢，接着买来了40多只白鹳。它们来自不同的国家和地区：巴基斯坦、阿尔及利亚、匈牙利、瑞士和德国，还有巴尔干半岛。为了避免新来的白鹳在被释放时立即飞回自己原来的家，它们的翅膀被剪短了些。

次年出生的雏鸟跟它们的父母亲一样，过着没有自由的生活，直到白鹳繁衍到足够多为止。从那以后，就再也不剪短它们的翅膀了，白鹳可以随心所欲地活动了。

很快，一些白鹳朝着法国南部的方向飞去，但它们后来又回来了。在后来的年份里，白鹳去的地方越来越远，直到有一只鸟敢于飞过海洋去非洲，去它的祖辈以前过冬的地方。

试验成功了，现在有近1000对白鹳在荷兰孵蛋。它们不是局限在人们建立的白鹳村里，而是到处飞翔，有的飞到阿姆斯特丹市中心，有的飞到农庄屋顶上，都很自在。它们甚至在莱利斯塔德附近高速公路旁边的电线杆上孵蛋。有根电线杆很受白鹳喜爱，人们称其为“白鹳公寓楼”，这是因为白鹳在那根电线杆上建造了很多密集重叠的鸟巢。

因此，如今在荷兰的白鹳都是曾经被带到荷兰以补充曾经消失过的白鹳的迁徙鸟的子孙。当我们看到它们飞向蓝天，像风筝一样悬挂在夏日暖和的天空中时，我们会贪婪地凝视着天空。我们渴望它们在我们的屋顶上空翱翔，就像你邻居家的男孩一样，敲打着信箱告诉你他又回家了，他想你了。

---

* 白鹳村的全称是丽斯菲尔特白鹳村，位于格鲁罗特-阿梅尔斯（Groot-Ammers）。如今，在这里夏天还有孵蛋的白鹳，但再也没有人刻意培育它们。

因为人类的保护，
曾经消失的白鹳又渐渐回到了它们的家园。

鸟话

白鹳是很重的鸟，飞行时必须借助风力才不费劲。在孵蛋季节结束后要飞往非洲时，它们先要等待好天气。晴朗的热天一来，它们就能够借助上升的热空气团（上升气流）飞到天上，然后乘着热气团往南方飞翔。

为了去非洲，鸟儿必须飞越海洋。在阴冷的海水上方没有热空气团，因此白鹳找到了最狭窄的一片海峡：直布罗陀海峡。它们在西班牙上升到很高很高的地方，从而飞过海洋，并安全抵达摩洛哥，然后再靠热空气团继续向前飞行。

乌鸦长得不好看，叫声也不好听，
还总是成群结队地出没，
因此不被人们喜欢。
但事实上，它们是一种益鸟。

鸟话

在荷兰，秃鼻乌鸦主要栖息在德伦特省。农民认为乌鸦是有害的。可是乌鸦其实是帮助农民的，因为它们吃各种害虫，如蚊子及其幼虫。农民难道不应该让它们吃一点儿谷物作为回报吗？

秃鼻乌鸦

Corvus frugilegus

它如黑夜般漆黑，
长着很大的喙，
非常聪明
且非常有才华。

学名：*Corvus frugilegus*
每年产蛋次数：1
每次产蛋数：大约4

鸟巢：在高大的树的顶上
孵蛋的成对雌雄鸟：大约5.5万只
主要食物：大蚊、鱼饵、垃圾、种子
迁徙类型：留鸟
在中国："三有"保护动物

它是动物中的"高中生"。**你觉得猴子和海豚聪明吗？**等一群乌鸦来到你的街道栖息时，它们会把整个居民区都接管过来，让你哑口无言。

秃鼻乌鸦是最常见的一种乌鸦。它很**合群**，喜欢热闹。很多人不喜欢乌鸦。农民是因为乌鸦吃他们的种子和幼苗，城镇居民则是因为它早起晚睡。很多鸟都是早起晚睡，特别是在夏天。而且秃鼻乌鸦从来不是单独行动，而是热情地带着所有朋友过来。它们经常占领一条街或一个广场的树木，于是你就不能在街道或广场的露台上坐下或者野餐了，除非你喜欢喝被乌鸦粪便污染了的汽水。

不久前一小群秃鼻乌鸦来到了德伦特省的一个墓地。它们大约有700只。这并不算多，因为有时候一群乌鸦可能是几千只。**秃鼻乌鸦大规模迁徙**的后果是：每当举行葬礼时，人们都听不见牧师在死者墓前说的话，因为乌鸦的喊叫声压过了牧师的声音。

有一天，大家认为必须驱赶乌鸦。他们请来了一位乌鸦专家。专家说："我们必须搬走鸟巢，乌鸦总得回巢。"他立刻开始工作。

在孵蛋季节结束后，他把一部分乌鸦巢搬到了高速公路附近的新树上。在那儿，吵吵闹闹的乌鸦可以随心所欲地大声喊叫和排泄粪便。为了引诱它们过来，专家把一部CD播放机挂在高速公路旁的一棵树上，播放秃鼻乌鸦的喊叫声。他用这些喊叫声告诉附近的秃鼻乌鸦，这里是非常温馨和好玩的，是一个值得搬来住的地方。

最后，他在墓地的树上挂上涂了黑黄两种颜色的大球。在大自然里黄色和黑色的含义是：**危险！**马蜂和有毒毛毛虫就有这两种颜色。就这样，很大一部分乌鸦离开了墓地，也离开了广场和街道。

可怜的乌鸦：
在农村**不受欢迎**，
在城镇也**不受欢迎**。

乌鸦很聪明，它会把铁丝弯成钩子，并用钩子把蚯蚓从土洞里钩出来。当它需要喝水但够不着水时，它会不停地把小石子扔进水里，直到水面上升到它能喝到水为止。

能干，
聪明，
足智多谋。

雀鹰

Accipiter nisus

一个星期天，大家在院子里喝茶、喝汽水，快快乐乐地一起玩，有人在讲着关于输掉比赛的故事。这时你突然吓了一大跳，因为一大群麻雀突然从刚才还毫无动静的树林里飞了出来。

起初，你以为它们是一阵风吹掉的枯叶，但过会儿你会意识到当时根本没有风。

当你刚刚恢复平静时，你又一次吓了一跳。不过这次不是被一群吵吵闹闹的小鸟，而是被一个安静的捕猎者吓到了。它是试图捕捉猎物的雀鹰。它不是优雅地朝下俯冲并闪电般地捕捉猎物，而是直接冲到麻雀群中间。当然，它没有捉到猎物，于是疯狂地展开追捕，并最终成功地捉到麻雀，宛如一个喝醉了酒的飞行员。

雀鹰有时成功，有时失败。因为如果拐弯太急，它会撞到窗户、秋千或者其他阻挡它飞行的东西上。雀鹰是猛禽中的狂野飞行员：个子小，勇敢，完全不受控。不过，最后一点只是表面现象，因为它非常清楚该去哪里捕捉猎物。在发动进攻之前，它不断地观察环境，耐心地看着自己最爱吃的食物是如何在绿叶中集聚的。小鸟不停地叽叽喳喳地叫着，而雀鹰不停地数数：53只，54只，55只……候补猎物越多，捉到它们的机会也越大。

霍图恩说，雀鹰不仅抓麻雀，也抓鸡、鸽子和鹧鸪。在互联网上，常常能看到抓住鸽子的雀鹰的照片。然而，专家说雀鹰最喜欢吃的是麻雀、山雀和燕雀。雀鹰的菜谱到底是什么呢？是以鸽子为主，还是以麻雀为主？

你会说，照片总是真实的，然而实际情况还真不一样。在猛禽之国里，雌性鸟总是大于雄性鸟。就雀鹰而言，这种差异格外明显。雄性雀鹰永远捉不到鸽子，因为它的个头不比鸽子大多少。雄鸟总是吃一些小鸟，因此，它的菜谱上没有鸽子。

那么，个头更大的雌性雀鹰，它能捉到鸽子吗？

这是可能的，但它很少这样做，因为它不能带着鸽子飞走。对它来说，鸽子太重。它必须当场吃掉鸽子，就在地面上。此时它放弃了自我保护，大家都能够看到它。

意外的机会来了！ 这时所有观鸟爱好者都把他们的照相机和望远镜——如果他们带来了的话——拿出来了。动作飞快的小捕猎者终于安静地待在他们的镜头前。人们几乎从来不拍摄捉麻雀的雀鹰，却喜欢拍摄捉住了很大的鸽子的雀鹰。因此，图片也就流传开来了。

另：谈到了图片——在这里有个错误。下一页的插图画的并不是雀鹰，而是雌性红隼。而且在《荷兰的鸟类》原作中，有专门介绍红隼的一章。因此，我们不明白为什么会出现这个错误。

您说什么，诺泽曼先生？当然，在您主持出版期间从来没有发生过这种事情。不过，我们还是事先泄密吧：书中还有一只鸟有这样的错误！

编注：此图片为照片。

学名：*Accipiter nisus*

每年产蛋次数：1

每次产蛋数：3~4

鸟巢：在密林里，靠树干很近的树枝上

孵蛋的成对雌雄鸟：4000~5000只

主要食物：小型鸣禽

迁徙类型：留鸟

在中国：国家二级保护动物

雀鹰在整个欧洲都能见到，
它们凶猛地捕杀年幼的家禽、鹧鸪、
鸽子和各种各样的小鸟。
图中画的是雌性红隼。

鸟话

谁在冬天喂自己院子里的雀鸟，便也喂了雀鹰……

红胸秋沙鸭

Mergus serrator

女士们，先生们：

WILLKOMMEN（德语的“欢迎”），
BIENVENUE（法语的“欢迎”），
WELCOME（英语的“欢迎”）。

欢迎诸位来宾光临本次**时装秀**！这是一次国际水准的时装秀。今晚，我们向来自世界各地的贵宾表示欢迎！

我们的特邀嘉宾是从瓦登海西边飞过来的。它口袋里已经装着一枚银牌。女士们，先生们，让我们热情地跟它握手吧，让我们为这次最伟大的时装秀的绝对主角——红胸秋沙鸭鼓掌吧！

鸟话

雄性和雌性红胸秋沙鸭之间的差异很大，以至于它们看起来好像是不同种类的鸟。不过，从它们的“发型”和带锯齿的喙可以看出来它们还是属于同一种的鸟。

时装秀舞台出现了让所有超级时尚迷流口水的一只鸭子。它的**脑袋**是金属绿色的，脖子上有雪白的环带。

它的**眼睛**是最美丽的宝石红，喙的颜色与此相配。

它的**胸部**被麻布般的褐色羽毛覆盖，使它显得很有力量。在身体两侧是具有珍珠般斑点的灰色羽毛，看上去好像红胸秋沙鸭身上永远覆盖着一层露珠似的。

它的**“发型”**为它的美画龙点睛。它的头发有点儿乱，像是满不在乎地往脑袋后侧梳的大背头似的，也好像是刚刚从体育课下课而又赶去下一个聚会似的。

它的社会生活节奏很快，看它那热爱运动的造型就知道了。这只年轻时髦的城市鸭在夏天的几个月之后，就要飞到全球各地的水域生活，从美国到俄罗斯都能看到它。在孵蛋的季节，它来到荷兰，在这里找一只风情万种的雌鸭做妻子。那只雌性红胸秋沙鸭会在它的鸟巢里产相当多的蛋。而因为它极其摩登，它在别的鸟巢里也会产一些蛋。家庭确实很重要，但对红胸秋沙鸭来说，你也不要过分要求它。

这个顶级模特的名字（荷兰语的意思是“中等秋沙鸭”）让人觉得，从身段来看，它的条件正好，不太大，也不太小，而正好在两者之间。

有普通秋沙鸭吗？

是的！有。

有小秋沙鸭吗？

也有，但它不叫小秋沙鸭，而叫**“白秋沙鸭”**。这两种秋沙鸭并不比红胸秋沙鸭差多少，但只有一种能够成为人们最喜欢的鸟。

红胸秋沙鸭的食谱很精致，几乎完全由鱼组成。为了方便捉住湿滑的猎物，大自然给了它边缘有锯齿的喙。它不像自己的淡水“堂弟”们那样有柔软的喙。它像比特犬那样，喙里长有不会让任何鱼逃脱的牙齿。

简而言之，红胸秋沙鸭是一个你永远看不够的超级模特。

学名：*Mergus serrator*

每年产蛋次数：1

每次产蛋数：7~12，有时更多，因为雌性红胸秋沙鸭会在别的鸟巢里产蛋

鸟巢：在靠近河边的地上

孵蛋的成对雌雄鸟：55~85只

主要食物：鱼、小螃蟹和小蚯蚓

迁徙类型：留鸟

在中国：“三有”保护动物

啊，对了，还有那枚银牌呢。

它因为什么获得了银牌？我的天啊，我们差一点儿忘记了此事。我们的冲浪者在水平面飞行世界锦标赛上获得了这枚银牌。它在该比赛中达到了130km/h的速度。它只输给了针尾雨燕，但那种鸟其貌不扬。针尾雨燕是穿着短裤、裸露着两条腿、穿着白袜子和拖鞋的那种类型。

所以，我们喜欢的是红胸秋沙鸭，**它掌控着压轴戏。**

女士们，先生们，谢谢你们的光临。

明年有新的表演秀。明年的明星当然还是红胸秋沙鸭！

红胸秋沙鸭的食物多数是鱼，包括泥鳅和鳗鱼等一些黏糊糊的动物。红胸秋沙鸭比其他涉禽更善于征服这些水生动物，因为它们有长满尖利牙齿的喙。

西方秧鸡

Rallus aquaticus

西方秧鸡是荷兰最腼腆的鸟之一。有一天它克服了自己的腼腆，纠正了一个错误。这件事是在2005年晚冬的一天发生的，这是纯粹的偶然事件吗？

西方秧鸡十分孤僻。它最喜欢躲藏在远离人类的水域边缘的芦苇带里，因此我们不会经常看到它。它是一种非常漂亮的小动物，喙很长，而且是鲜红的颜色。它的脑袋和胸部是钢铁般的颜色，后背和翅膀是棕色和黑色，身体两侧有黑白条纹。

嘿，这只动物长得不像下一页展示的鸟呀！赛普先生画的图画上的鸟并没有钢铁般颜色的胸部，它的喙的确是红色的，但不长。霍图恩的描述也不对。怎么啦？为什么在它翅膀上有白色斑点呢？这到底是怎么回事呢？

在编写《荷兰的鸟类》时，编者的确犯了一些错误。西方秧鸡被混同于它的“堂弟”斑胸田鸡。没人知道为什么会发生这种事。很可能是因为作者不知道这两种鸟之间存在的差别。

但当时诺泽曼先生已经去世了，他很可能不会犯这样的错误。犯这错误的是他的接班人霍图恩先生。然而，这个错误必须纠正。谁来纠正错误呢？西方秧鸡最终决定亲自纠正错误。

纠正错误是在教堂进行的。诺泽曼曾经在这所教堂里当过牧师。在2005年的某一天——诺泽曼先生已经去世差不多220年了——一些人听见了从教堂的管风琴后面传来的吱吱声。他们以为那是老鼠的声音，或者是屋顶下面的麻雀的声音，于是议论说：“哎，只要不干扰教堂活动，这不算什么事。”

几天后，吱吱声停止了，有人在诺泽曼的画像下面发现了一只死鸟。诺泽曼的画像与他真人等大，在一个大厅里，悬挂在其他牧师的画像之间。找到小鸟的教堂工作人员想，多么奇特，这只鸟为什么恰恰选择在诺泽曼的画像那儿死去呢？

该工作人员把鸟送到了距离教堂不远的自然博物馆，辨识它是哪种鸟。

博物馆的一位研究员立刻认出它是一只雌性的西方秧鸡，是饿死的。因为好奇——这位研究员正是因为好奇而成为研究员的——他去了图书馆，去看看诺泽曼著名的著作。他想知道那位伟大的鸟类专家就西方秧鸡写了些什么。

他发现了什么呢？

书里画的不是西方秧鸡，是斑胸田鸡。

那位研究员猜测，这只西方秧鸡从芦苇丛里的隐秘生活中出来，走向公共领域，是为了纠正它的物种归类的错误。

它鼓起了自己全部的勇气，飞到了鹿特丹市，飞进了教堂，找到了教堂理事会大厅，然后准确发现了诺泽曼的画像。它似乎敲了他的门，以报告书里的错误。它成功了。西方秧鸡“说话”了。（当然这只是猜想。）

而我们呢？

我们明白了它的意图，特此纠正了错误。

西方秧鸡的名誉恢复了。

西方秧鸡万岁！

编注：此图片为照片。

学名：*Rallus aquaticus*

每年产蛋次数：1~2

每次产蛋数：6~11

鸟巢：在靠近水域茂密的植被里

孵蛋的成对雌雄鸟：大约3000只

主要食物：青蛙、蜗牛、昆虫、小鱼、虾类、鱼饵、小鸡、树根、水生植物

迁徙类型：留鸟

在中国：相对常见

这是一只斑胸田鸡，而非西方秧鸡。它的翅膀下缘有白色的斑点做装饰。

鸟话

你在这里看到的斑胸田鸡在夏季末飞往遥远的非洲南部，而它的“堂兄”西方秧鸡在荷兰过冬。斑胸田鸡更稀有。在荷兰孵蛋的斑胸田鸡还不到300对。它们跟西方秧鸡一样，也是非常害羞的。

普通翠鸟将吞下的小鱼或昆虫吐出来喂雏鸟。

鸟话

在赛普的图画上，你能看到一只白色的普通翠鸟。那是一只非常罕见的白化普通翠鸟。它受到了收藏者们的狂热喜爱。

普通翠鸟

Alcedo atthis

犹如从枪膛里射出的子弹，普通翠鸟就是这样从你眼前冲过去的。它以彗星般的速度飞行。在阳光照射下，它像一幅色彩鲜艳的图画。谁看见过它——或者说得更明确一些，谁看见过它闪电般冲过去——谁就会长时间目瞪口呆地看着前方。你的眼睛看见了一个东西，但你的脑子还没能反应过来它是什么。当你的脑子弄懂了那是什么东西时，普通翠鸟早就离开了。

荷兰没有那么多普通翠鸟，但只要你看见过一只，你就永远不会忘掉它。你不会忘记那次的闪电，也不会忘记闪电发生的地点。

它的鸟巢不见了。

在《荷兰的鸟类》里，你会发现前面部分的鸟都是跟它们的鸟巢一起画的。这是符合诺泽曼的要求的。**没有鸟巢？那就不能纳入这本书里。**在这个问题上，诺泽曼是很严格的。鸟巢是证明一种鸟在荷兰孵蛋的证据。因此，诺泽曼总是竭尽全力获得这些证据。如果他不能亲自寻找的话，他就会雇用一个农村小伙去完成这项任务。

学名：*Alcedo atthis*
每年产蛋次数：2~3
每次产蛋数：5~7

鸟巢：在河岸陡坡的隧洞尾端或者在倒下的树根里
孵蛋的成对雌雄鸟：大约300只
主要食物：3~9厘米长的小鱼
迁徙类型：留鸟
在中国：“三有”保护动物

诺泽曼的接班人没有付出那么多的努力。他们是真正的书斋学者，是从书本里获取知识的。为了寻找一只凤头䴙䴘或一只新疆歌鸲，诺泽曼不顾恶劣的天气，顶着大风，穿着漏水的高筒靴，在泥潭里泡了几个小时。他曾经被成群的马蜂围攻，被蜱虫和蚂蟥叮咬，被野猪驱赶。他曾踩破冰层掉进河里，以致脚趾和手指都冻坏了。为了在夜里研究森林猫头鹰的歌声，他遭受蚊子攻击，而他的接班人却只是再翻开一页书罢了。**因此不肯走出家门的人，有时会损失一些东西。**这次损失的是普通翠鸟的鸟巢。

在前一页的插图里找不到鸟巢。

为什么没有鸟巢？

因为霍图恩先生以为普通翠鸟是在水面上或者靠近水面筑巢的，好像它是在用小鱼刺、芦苇枝条和黏土制成的小船上孵蛋似的。

证据呢？

坐在办公桌后的霍图恩先生没法提供证据。

对于诺泽曼先生来说，这种情况会成为推迟写普通翠鸟的理由。**宁可什么都不写，也不胡编。**

实际情况是怎样的呢？

普通翠鸟是在河岸的陡坡里，用沙土和黏土筑巢的。它首先用自己的喙在岸壁上钻出一个窟窿，而当窟窿足够大时，它继续用爪子挖洞，直至形成一个深达1米的隧洞。它就是在那个隧洞的末端把自己的鸟巢啄出来的。**它的天敌是捕不到它的。**

18世纪的懒惰的研究员也是看不见它的。

丘鹬

Scolopax rusticola

这种身体巨大、性格温柔又孤僻的鸟，不久前引发了一场争论，一场很激烈的争论。争论是从一个充满欢笑和掌声的普通电视节目开始，在海牙议会二院里结束的。

在该节目里，丘鹬被一位顶级厨师在摄像机前拔毛、切块和煎炸，然后被吃掉。政界、媒体，知名和不知名的荷兰人，大家都谈论了那只丘鹬。整个荷兰都感到恶心，除了该节目的主持人。他吃得很开心并高喊：**“哎呀，它的肉非常软，而且还有野味呢。”**

学名：*Scolopax rusticola*
每年产蛋次数：1~2
每次产蛋数：4

鸟巢：在森林地区的地上
孵蛋的成对雌雄鸟：2000~3000只（谨慎估计）
主要食物：蚯蚓、昆虫
迁徙类型：夏候鸟、冬候鸟、留鸟，都有一些
在中国：国家二级保护动物

你是很难找到丘鹬的，因为它善于梦幻般地伪装。它在森林树木之间的枯叶上溜达，自己长得也像一片枯叶。这样说，听起来好像对它不尊重，好像是说它是半死不活地从一棵树上飘落下来并即将腐烂掉似的。实际上并非如此。恰恰不是这样的！

它的羽毛展示着棕色的所有色调，从非常浅到几乎全黑。那些颜色看上去好像是一点儿一点儿地用一支很细小的刷子画上去的。画在每只丘鹬羽毛上的颜色都与其他丘鹬有点儿差别。然后羽毛涂上了一层蜡，在太阳照到翅膀时会闪闪发亮。丘鹬非常漂亮，令人衷心地喜爱。非常庆幸的是，在荷兰和佛兰德斯地区，政府禁止猎捕它。

然而，还是有人猎捕它。有些猎人想：“让所有法律和规定滚蛋吧。”然后他们冷酷地把丘鹬从天上打下来。这是因为他们认为丘鹬肉的味道很鲜美。为了能享受一小口丘鹬肉几秒钟，有人情愿花一大笔钱。

电视节目的厨师高兴地说，人们甚至可以吃掉丘鹬的肠子，因为每当丘鹬为了躲避猎人而害怕地飞走时，它总要把肠子拉空。**“因此它们的肠子非常干净。”**厨师欢呼道。

那位厨师可能不知道，所有的鸟都那么做。在飞走之前，鸟都要拉屎，因为这样就会变得更轻，可以更容易升空。

那个让人吃掉了两只丘鹬的电视节目，引发争论的原因是整个荷兰都看到了那两只漂亮的鸟受到热烈的赞赏不是因为它们的外貌和所发出的可爱咕咕声，而是因为它们的味道和拉空了的肠子。而且，猎捕丘鹬是被禁止的。那两只丘鹬是——请抓稳你的椅子呀——被藏在一只死鹿的肚子里走私带进荷兰的。看了该节目的人，都要气哭了。

我们并不能准确知道此刻大自然中丘鹬的境况如何，它们的数量到底有多少。这是因为丘鹬伪装得很好，很难数清楚。为了自己的安全，丘鹬从来不在白天飞行，总是在天黑时飞行。因此，我们只能猜测它们总共有多少只。

然而，不管它们的境况如何，我们希望丘鹬在将来能学会比猎人更好地瞄准目标。希望子弹打不中丘鹬，而鸟粪落到猎人身上。希望将来永远可以在比分牌上看到这样的比分：

丘鹬们前进吧！
丘鹬：121！
打猎俱乐部
打中猎物：0！

丘鹬昼伏夜出的习性和羽毛的保护色让它们很难被发现。

鸟话

凡是枪击丘鹬的人，都是冒着被处以1.85万欧元罚款或监禁6个月惩罚的风险。在佛兰德斯地区也不可以猎捕丘鹬。在荷兰，娱乐性的打猎，只可以猎捕野鸡、野鸭和斑鸠，而且不能在其繁殖期猎捕。其余的鸟类都是受保护的。

在长耳鸮（xiāo）的眼睛上方有看上去像耳朵的长羽毛，有黑黄两色，大约一个半大拇指那么长，像两只犄角。

鸟话

猫头鹰有不同种类，分别在白天、黄昏或夜间时很活跃。从眼睛的颜色可以看出来它们最喜欢在什么时间捕捉猎物。

黄眼睛的猫头鹰最喜欢在白天捕捉猎物，包括短耳鸮、纵纹腹小鸮和雪鸮。

黑眼睛的猫头鹰最喜欢在黑夜里捕捉猎物，包括西方仓鸮和灰林鸮。

橙色眼睛的猫头鹰在黄昏时捕捉猎物，包括雕鸮和我们的长耳鸮。

长耳鸮

Asio otus

人生中有些事情，你必须经历一次。

有些事情就因为它们好玩儿而且很容易做到，如抚摸小猫。

有些事情未必非得发生不可，人生中不必尝试，如抚摸幼小的蝎子。

还有一些事情你只需要经历一次，此后就会对它永世难忘，如看到猫头鹰飞行。在黄昏看到猫头鹰在森林里飞翔，无声地在树木之间穿梭，犹如一个没有影子的阴影，因为它自身就是个黑影。

猫头鹰是猛禽，但与其他猛禽有区别。它们用爪子捕猎活的猎物，因此猫头鹰成了猛禽。

但是，在学术上猫头鹰又和猛禽中的鹰隼有所区别。例如，它们的眼睛不是在脑袋的两侧，而是面向前方，而且眼睛是固定的。猫头鹰不能像我们那样转动眼珠。因此猫头鹰具有柔韧性很强的脖子，能把脑袋向后边转动，使得我们觉得它们的眼睛是长在后背的。这样一来，停在树枝上的猫头鹰，可以在不用动弹自己身体的情况下很好地观察周围。

另外还有它们的耳朵。在这个鸟类世界里，猫头鹰具有最好的耳朵，比其他猛禽的耳朵好得多。

很多人以为长耳鸮脑袋上的长羽毛是它们的耳朵。那些长羽毛不是耳朵，就是普通的羽毛，跟雕鸮的一样。

猫头鹰真正的耳朵隐藏在脑袋的侧面。现在告诉你一个猫头鹰的重要特征：它们的两只耳朵位于不同的高度。通过这样的方式，来自上方或下方的声音到达一只耳朵的时间比到达另一只更早。这个时间差非常非常小，但这足以让猫头鹰知道：那只好吃的老鼠待在离柏树树干北侧3.05米的地方。

啊！

因此，猫头鹰用自己的眼睛避免在飞行中撞到障碍物，用耳朵追踪猎物。如果需要的话，它甚至可以在漆黑的夜晚捕猎。

其实还有一件你应该在一生中看到一次的趣事：一群还不会飞行的小猫头鹰爬出鸟巢。它们会在两个星期内在树枝之间跳来跳去。因此，它们不应该叫猫头鹰雏鸟，但它们也不是成熟的猫头鹰。那么，它们叫什么呢？叫“树枝小鸟”。

它们不是幼童，也还不到青春期，而是处在两者之间。“树枝小鸟”就像小学生，跟你们一样，**是世界上最好玩的小孩！**

学名： *Asio otus*

每年产蛋次数： 1

每次产蛋数： 4~6

鸟巢： 喜欢用乌鸦和喜鹊的旧巢

孵蛋的成对雌雄鸟： 大约5000只

主要食物： 老鼠和小鸟

迁徙类型： 留鸟

在中国： 国家二级保护动物

赤膀鸭

Anas strepera

我们很担心这种事总有一天会发生：

赤膀鸭占领荷兰！

在20世纪60年代，赤膀鸭是稀客。
在20世纪70年代来了数百只。
在20世纪90年代有数千只。
现在有几百万只。

上面说的是个笑话！

不过，还是有几万只来过了吧，在近几年的冬天都是如此。在一些地区赤膀鸭在数量上甚至超越了我们非常熟悉的河沟里的绿头鸭。

怎么会这样呢？研究人员犹豫了，动摇了，数了数，做了记录，讨论了，然后小心翼翼地确定：这很可能是因为过去赤膀鸭很喜欢的舒适的东欧水域环境变差了，而我们的水域环境改善了。

现在这些差别再也不重要了，因为赤膀鸭已经喜欢上了荷兰的水域，它们欢快地在这里孵蛋。

是呀，那些研究人员后来还发现，在一年中存活下来的赤膀鸭雏鸭比绿头鸭雏鸭更多。

由于荷兰的环境得到了改善，原来栖息在东欧的赤膀鸭逐渐被吸引过来。

鸟话

小鸭子不叫雏鸟，而叫雏鸭。就赤膀鸭而言，雏鸭的存活率能达到40%，而绿头鸭的雏鸭存活率仅仅为27%。

这是为什么呢？对此，那些研究人员也没能立即给出答案。他们做了各种计算，开展了大量的讨论，还使劲挠了挠自己的耳朵。但可能的解释是，赤膀鸭天生比荷兰的绿头鸭更胆小。赤膀鸭躲藏在芦苇丛里，更难让人发现，这使雏鸭有更多的机会活下来。

可是，为什么会有更多的成年赤膀鸭活下来呢？对那些研究人员来说，为了解答这个问题，他们又要做大量的计算。电脑、各种数据表、计算器、各种公式……然而，最终的答案可能很简单——这种情况或许，说不定，有可能是捕猎造成的。因为从1994年以来，把赤膀鸭从天空中打下来的行为被禁止了，而捕猎绿头鸭却一直被允许。

现在的情况是，赤膀鸭甚至胆敢跨过江河湖海飞进城市了。因此，你有可能在公园里看到它们在绿头鸭之间游泳。雄性赤膀鸭没有绿头鸭那样的绿色脑袋，但雌鸭确实长得非常像绿头鸭。怎样才能把两种鸟区分开来呢？赤膀鸭比绿头鸭略微小一点儿，更害羞，叫声也没那么大。它们不像绿头鸭那样呱呱叫，**它们在嘎嘎叫！**

赤膀鸭发出的嘎嘎声，听起来很像你站在松动的木地板上晃动身体所发出的声音。一种吱吱嘎嘎的声音。它会使你发疯。

学名：*Anas strepera*

每年产蛋次数：1

每次产蛋数：8~12

鸟巢：在地上的草和叶子之间

孵蛋的成对雌雄鸟：6000~7000只，在冬天它们的数量会增长到约7.7万只

主要食物：浮萍、藻类、叶子、枝条和种子

迁徙类型：留鸟

在中国："三有"保护动物

红额金翅雀

Carduelis carduelis

你有过那种感觉吗？有时你希望大家不要打扰你，但谁都没有注意到这一点。你想在自己房间里独自待一会儿，可是恰恰在这个时候你被叫去布置餐桌。或者更严重：你想让世人都看不见你，但你爸爸或妈妈啰唆着要你听命令做个倒立，因为那是你善于做的动作。或者最严重的是：他们要求你给完全陌生的人展示你美丽的歌喉。**真的够了！**

你熟悉这种情况吗？

对呀，红额金翅雀的境况就是这样的。它必须遵照命令做各种各样的事情，即使它没有兴趣时也得做。

它的歌声非常好听，它长得也非常漂亮。这句话适用于雄性红额金翅雀，也适用于雌性红额金翅雀。因此人们喜欢把这些小歌唱家关在笼子里。**红额金翅雀的确是一种“倒霉”的鸟。**

它是一种天生害羞的动物，不愿意麻烦任何人。它最喜欢在长满刺儿的刺蓟之间蹦蹦跳跳。刺蓟多生长在荒废的厂区和铁路沿线，谁都不喜欢自己的院子里有这些植物。

学名：*Carduelis carduelis*
每年产蛋次数：2
每次产蛋数：4~6

鸟巢：隐藏在树木的叶子和细小的枝条之间
孵蛋的成对雌雄鸟：1.5万~2万只
主要食物：种子
迁徙类型：留鸟
在中国：少见

红额金翅雀喜欢待在这种荒无人烟的地方。它从枯萎的花里啄出小种子来。这些花包括蒲公英、月见草、续断菊等，它们都生长在荒凉的土地上。如果它能与其他红额金翅雀一起，自由自在地在半腐烂的植物中间逛来逛去寻找食物，它就很幸福。

然而，它并不是总能获得这样的机会。霍图恩说过，红额金翅雀是人们很喜欢见到的客人。人们尤其喜欢聆听它唱歌。因此有人将一只雄性红额金翅雀与一只雌性金丝雀进行杂交。这么做可以使你获得《欧洲电视鸟类歌唱大赛》电视节目的冠军，而这个冠军还会有非常华丽的外貌。

杂交成功了，非常漂亮的小鸟诞生了。从此，鸟类繁育者非常热衷于培育这样的混血鸟。混血的小鸟不叫金丝红额燕雀或红额金丝雀，而叫**“杂交金翅雀”**。这种可怜的鸟有这样可怜的名称，是因为杂交金翅雀中没有一只能够生育子女。它们只能遵照命令在笼子里歌唱，除此之外什么也干不了。

为什么在荷兰，红额金翅雀被称为“打水鸟”呢？

这是因为人们从前是用指套给鸟喂水的。指套在笼子外的一杯水上漂浮着。指套上拴着一条链子。当红额金翅雀口渴时，它可以拉动链子把指套提到笼子里来。**它就这样亲自打水了。**

令人庆幸的是，野生红额金翅雀的数量在增长。它们也发现了我们后院里摆放食物的桌子。再过一些时间，它们就会通过敞开的厨房窗户，把拴着链子的指套丢落到盛麦片粥的盆子里。我们人类在500年前教会了它们这么做。以后红额金翅雀爸爸妈妈们也会把这个技术教给子女们。

结论：

所有的父母亲都一样，
不管是人类还是鸟类。

鸟话

你能从鸟喙看出它吃的是什么吗？鸭子用它宽大的喙狼吞虎咽；猛禽能够用它钩子般的喙把猎物啄碎；吃昆虫的鸟长有尖利的小喙，可以叼住小甲壳虫。鸟的喙多种多样：有长的、短的、钝的、锐利的。有的喙是交叉的，有的像剪刀，有的向上或者向下弯曲。任何形状和任何大小的喙都有。

甚至在亲戚之间都有差异。红额金翅雀是苍头燕雀的亲戚。苍头燕雀跟红额金翅雀一样，都是吃种子的鸟。它们都有坚固的、三角形的喙。红额金翅雀的喙更长一些，也更尖一些，因为它专门吃非常小的种子。

红额金翅雀因美貌和动人的歌声被人们喜爱。

大麻鳽

Botaurus stellaris

红色大麻鳽（yán）是不存在的。过去不存在，未来也不会存在。但霍图恩先生有点儿自以为是。他想：嘿，这只标本看上去颜色更深一些，而且也比诺泽曼先生在第一卷里描述的大麻鳽更大一些，因此我确定它是另一个物种。

霍图恩先生经常这么做。例如在《荷兰的鸟类》第四卷里他突然谈到白色麦鸡、白色仓鸮、白色啄木鸟和粉红色杜鹃，因此也谈到了一只红色大麻鳽。

哎呀，这样搞的话，你当然就能够写出很厚的一本书来，霍图恩先生。但也就是说，霍图恩先生谈到的那些鸟根本不是单独的鸟种，而仅仅是诺泽曼早先已经描述过的鸟的不同颜色的变种。

这种鸟的得名，是因为它在芦苇丛里栖息，并且发出好像喇叭吹出来的声音。

大麻鳽的荷兰语名称是roerdomp，其中domp是“芦苇”的意思。

鸟话

一些研究人员想弄清楚善于隐藏自己的大麻鳽在冬天干些什么。于是他们抓了几只，给每只起了名字，然后在每只鸟身上绑了一部定位追踪器。

结果是这样的：

安妮飞往英国。

爱丽飞了4700千米，去了冈比亚。

尼科飞往艾瑟尔湖的对岸。

亚普却舒舒服服地留在家里。

您说什么，诺泽曼先生？您的接班人们懒惰？完全正确，我们也这样认为。因此，下面就改用了您亲自写的关于大麻鳽的文章，当时您还是原作的大老板。我们还认为，您对大麻鳽发出的声音的描述非常准确：那声音好像是从一支喇叭发出的。因为实际情况完全是这样的。

红色大麻鳽就是普通的大麻鳽。

以前大麻鳽经常出现，现在不常见了。它的伪装极其完美，很少有人能一眼看到它。这是因为大麻鳽能把自己伪装成一根芦苇秆子，隐藏在芦苇丛中。即便你从它旁边走过，都不会注意到它。只有在春天，当它发出汽轮喇叭似的悲鸣声时，你才知道：令人庆幸，大麻鳽还活着。

它那喇叭般的喊叫声有时能传到5千米远的地方。因此它与新西兰的鸮鹦鹉，即卡卡波鹦鹉，是两种并列能够把歌声传得最远的鸟。当然，如果你认为大麻鳽发出喇叭声是唱歌的话。

大麻鳽其实还保持着另一项纪录：它是世界上叫声音调最低的鸟。没有别的鸟能够让空气以每秒200次的频率振动。它是怎么做到这一点的呢？它吸入一大口空气之后，不是把空气送进自己肺里，而是送进食道里，然后又把空气喷出去。用人的行为来类比，这是什么呢？正确！它是在打嗝。大麻鳽是打着嗝把它悲伤的春歌透过晨雾传到广阔的水域上的。这是“包装”在空气里的爱的呐喊声。

您说什么，诺泽曼先生？我们今天是否知道哪种鸟的叫声音调最高？是呀，我们的确知道这一点。排在成绩表最下面的是大麻鳽，它的声音每秒钟振动200次，而音调最高的是欧洲最小的鸟——戴菊，它能发出每秒钟振动9000次的声音。

学名：*Botaurus stellaris*

每年产蛋次数：1

每次产蛋数：4~5

鸟巢：在茂密的芦苇丛里，有时漂浮在水上

孵蛋的成对雌雄鸟：大约300只

主要食物：鱼、两栖动物、小哺乳动物

栖息地：固定，或者在冬天迁徙

在中国：“三有”保护动物

蚁鴷（liè）的舌头像一条蚯蚓，非常细长，前端是尖尖的。

鸟话

你不要把蚁鴷（荷兰语直译是“扭脖鸟”）和斜颈病（荷兰语直译是“扭脖病”）相混淆。斜颈病是很可怕的鸟病。病毒感染鸟的脑子，干扰了病鸟的身体平衡。病鸟歪着脖颈儿，并不停地转动着头。有时候它还会跌倒。城市里的鸽子有的会患上这种病，家鸡和笼养的鸟也会患上斜颈病。如果你处理得太晚，它会死去的。

蚁䴕

Jynx torquilla

“让你自己拥有一只扭脖鸟吧。”

不能更荒谬了。

这是能使脖颈儿转动得更灵活的健身器材的广告吗？

还是带有自动旋开的瓶盖的汽水瓶的广告呢？

都不是，你猜不到的。这句话写在了几个鸟类发烧友的网站里。他们说，从地上飞起来的每只棕色小鸟，你都要仔细观察，因为……它有可能是一只蚁䴕。这是很罕见的鸟，你是不愿意失去看到它的机会的。**所以，让你自己拥有一只扭脖鸟吧。**

如果你真的观察每只飞起来的鸟，那肯定会患上斜颈病的。因为每天有多少只棕色的鸟从你双脚前面飞起来呀！如果必须跟踪所有这些鸟，你的脖颈儿可能会变得很僵硬。蚁䴕从来不会患上这种毛病，因为它跟猫头鹰一样，能够向后旋转自己的脑袋。不仅能左右转向，在必要时甚至会从下向上旋转脑袋。

蚁䴕是羽毛华丽的啄木鸟的亲戚。你可能不相信，因为它并没有用喙敲击树干。它更喜欢在地上走来走去，而不怎么喜欢待在树上。**然而，它的确属于啄木鸟家族。**

它的秘密不是强有力的喙，而是它**特别的舌头。**

你看见过把舌头伸向某个东西的鸟吗？

当然没有，因为鸟一般不会做这种动作。

但蚁䴕会做。

蚁䴕最喜欢吃蚂蚁。它们用黏糊糊的舌头把蚂蚁从地上舔起来，就像食蚁兽那样。它们也喜欢吃蚂蚁幼虫，所以它们把舌头伸进土里，舔啊，舔啊……蚂蚁不见了，被它们吃掉了。这件事多奇怪啊！

学名：*Jynx torquilla*
每年产蛋次数：1~2
每次产蛋数：7~12

鸟巢：在啄木鸟的旧鸟巢或巢洞里
孵蛋的成对雌雄鸟：30~50只
主要食物：蚂蚁
迁徙类型：夏候鸟，冬季飞往非洲
在中国：“三有”保护动物

还有更奇怪的！

那好吧，当蚁䴕遇到危险无法飞走时，如正在鸟巢孵蛋时，它不仅会频繁扭动那个如橡皮般柔韧的脖颈儿，同时还会发出咝咝声来，就像蛇那样。蚁䴕就这样变成了一只可怕的爬行动物，舌头还会快速来回晃动。

蚁䴕的学名是*Jynx torquilla*。在英文里，jinx的含义是“把厄运带给一个人”。jinx这个词是从这种鸟名转化而来的。

因此，当有一只鸟飞起来时，你还是应该好好地看一下它是蚁䴕还是槲（hú）鸫。

不过，是蚁䴕的可能性很小，因为在荷兰和佛兰德斯地区，它被列入濒危物种红色名录。然而，意外随时会在你想不到的地方发生。

鸟类发烧友们，谢谢你们提供的小贴士。从今天起，我们在马路上行走时应该注意观察。

没准你就会意外看到一只蚁䴕！

草鹭

Ardea purpurea

“加油格利特，加油穆斯达法，加油卡仁，把它戴上，要小心啊！要及时告诉我们你们在哪儿。祝你们一路顺风，要健健康康地回来啊！”

您知道我们在干什么吗，霍图恩先生？

我们在给草鹭送行。**它们要出去旅行。**去哪儿呢？去非洲。这您不知道，对吗？您一向认为它们一直在俄罗斯、乌克兰或土耳其栖息，在黑海和里海水边生活。它们只是偶尔来到西欧，纯粹度假而已。不，草鹭的情况与您所认为的完全不一样。

草鹭是苍鹭的一个罕见的亲戚。苍鹭经常在我们市场上的卖鱼摊子旁边讨食。草鹭比它不懂礼貌的“堂兄”略小，更腼腆，颜色更偏紫。

在下一页的插图里，它的形象画得有点儿不准确。这是因为页面太小，赛普先生无法把它完整地展现在页面上。为了解决这个问题，他就画了两条很短的腿。这幅画很难看，但在当时制作一张折叠页面可能太贵了。

那就算了吧，由此就有了这只草鹭。

关于这种鸟的知识，我们知道的并不多。直到一批研究人员给几只草鹭装上了**定位追踪器**。装了定位追踪器的草鹭都各有自己的名字。这样，研究人员就能跟踪掌握每只鸟的情况。

2009年9月10日，穆斯达法和它在莱克斯蒙德附近的草鹭鸟群一起顺着风飞往南方。第二天，穆斯达法背部的定位追踪器从法国发来了信号。它在一夜之间飞行了750千米。两天后它已经在地中海里的马略卡岛上空飞翔了。9月14日，它越过阿尔及利亚飞向家乡塞拉利昂。

但它首先必须穿过地狱般干旱的撒哈拉沙漠。在这两天里，它的翅膀下方是一望无际的沙漠，没有一块绿地和可以捕鱼的小水塘。

从荷兰绿色的市中心出发一周后，9月17日，穆斯达法在马里临时降落到地面。填饱了肚子后，它飞回了塞拉利昂南部沼泽地里的老家。

卡仁呢？

它在秋天健健康康地重新降落在它熟悉的几内亚稻田里。

格利特呢？

它没能完成跨洲的旅行。沙漠对它来说是致命的危险。它的定位追踪器在毛里塔尼亚第一千多号的沙丘上停止发信号了。

穆斯达法呢？

它在非洲，并在2010年春天健康地回到了莱克斯蒙德。它过得很开心。

在野外生活的最老的草鹭活到了23岁。如果穆斯达法稍微努力些，并且运气很好的话，它应该能在2034年3月20日的非洲看到日全食。当然，前提是它在此之前没有第23次飞向莱克斯蒙德附近的田地。

学名：*Ardea purpurea*
每年产蛋次数：1
每次产蛋数：2~8

鸟巢：在芦苇地带和潮湿的沼泽深林里
孵蛋的成对雌雄鸟：700~750只
主要食物：鱼、青蛙、昆虫
迁徙类型：夏候鸟，冬季飞往非洲
在中国：“三有”保护动物

鸟话

穆斯达法其实是一只替代鸟。在前一年里，另外一只安装了定位追踪器的鸟在摩洛哥被一个小男孩用弹弓打下来了。那个小男孩把受伤的鸟带到他住的村子里。穆斯达法先生，即那个小男孩住的村子里的一个爱鸟者，当时力图拯救那只可怜的草鹭。但他没有成功。荷兰研究人员通过定位追踪器的信号弄清了这只鸟死去的准确地点。于是他们去了穆斯达法先生和男孩住的村子，了解到了所发生的事情。他们教育男孩不要再伤害鸟，然后在一只新的草鹭身上安装了定位追踪器，并给它取名……穆斯达法。

草鹭的分布很广。
在荷兰栖息的草鹭要飞到撒哈拉以南的地区过冬。

雌性北鲣（jiān）鸟成群地在悬崖陡壁上筑巢，然后在那儿产下鹅蛋般大小的白色蛋并孵蛋。

鸟话

鸟有第三个眼睑，叫作瞬膜。当鸟眨眼时，瞬膜会从侧面滑动过来覆盖眼睛。瞬膜有点透明，使鸟能够透过它看东西。北鲣鸟非常需要瞬膜。在它冲进水里时，为了防止入水时的猛烈冲击，它会使用自己的瞬膜。

猛禽在捕捉猎物时会使用自己的瞬膜。当鸽子在马路上、在垃圾中间觅食时也会使用自己的瞬膜。

北鲣鸟

Morus bassanus

今天我们学一下霍图恩先生的做法。我们将不顾规则，将一种不在荷兰孵蛋但在荷兰上空飞翔的鸟编入我们的书。在诺泽曼主持编书时，它是不会被编入的，但霍图恩打破了这个规则。例如，他把迷路的雪鸮和兀鹫都编入了书里，因为它们偶然地栖息在荷兰的附近，后来他干脆还补充了一只鸡。为什么呢？你现在一定能够听到霍图恩先生说出自己的想法：为了更快并轻而易举地完成第五卷。的确，敢想，敢做，就会成功。

我们为什么邀请北鲣鸟进入这本书呢？因为在秋季可以在北海上空看到它。有时你甚至能看到数十只北鲣鸟一起飞过去。因此我们满足了霍图恩先生的愿望。

假若荷兰在海边不是只有沙丘，还有悬崖峭壁的话，那么北鲣鸟肯定会带着它的配偶在那里筑巢产蛋，每次一枚。它们会非常细心地保护自己的蛋，犹如人们喜爱并保护一个薄而脆的瓷碗那样。然而，因为荷兰的海岸是由沙土和沙丘草组成的，北鲣鸟也就更喜欢在英国、法国、挪威和冰岛孵蛋，而不怎么喜欢在佐德兰德的海岸孵蛋。

对不起啊，北鲣鸟，我的开场白太长了，但我欢迎你被编入我们的书里。

您说什么，诺泽曼先生？您原谅我们？那我们现在终于可以介绍北鲣鸟了。

北鲣鸟是一种很少降落在地上的大海鸟。对它来说，从地上飞起来是很困难的。因此，如果它在陡壁上筑巢，它只需要从鸟巢起跳，然后展开翅膀就可以飞起来。

它可以在水域上方飞翔几个小时找鱼。当它看到在自己的下方有一群青鱼游过去时，它就会像一枚鱼雷一样往下俯冲。在它即将入水时，它把脖颈儿伸直，并把翅膀紧紧地向后折叠。犹如一艘轮船在向码头停泊时靠着缓冲垫减弱对码头的撞击那样，北鲣鸟的皮下有气囊，当它以100km/h的速度冲向水面时，就靠这些气囊保护自己。

学名：*Morus bassanus*

每年产蛋次数：1

每次产蛋数：1

鸟巢：在海岸陡壁缝隙里

孵蛋的成对雌雄鸟：没有，它们不在荷兰孵蛋

主要食物：长度2.5~30厘米的鱼

迁徙类型：冬候鸟，在海风吹向陆地时能够看到它

在中国：无

北鲣鸟是荷兰水域中最大的鸟，需要很长时间才能从雏鸟成长为成鸟，并开始寻找伴侣。当北鲣鸟先生在某一天找到了一位北鲣鸟女士时，它们会互相发誓要永远忠于对方，白头偕老。每当它们不得不分开一段时间，它们就会在重新团聚时举行热烈欢快的欢迎仪式，以此确认它们之间的忠诚。

有一次，一位父亲单独带着雏鸟留在家里。母亲应该是在找鱼时迷路了。但当那位母亲在5个星期后重新出现在自己的鸟巢时，它丈夫的欢迎仪式持续了17分钟！

一些人会问，鸟到底有没有感情？

我们有时会问，一些人是不是疯了？

注：霍图恩先生是在这种北鲣鸟的画和文字描述出版之前去世的。特明克先生立刻继承了重要的工作，不是作为作者，而是作为顾问。他把诺泽曼和霍图恩的知识传给了赛普家族。从此时起，赛普家族不仅是《荷兰的鸟类》一书的画家，也是它的作者。

蓝点颏

Luscinia svecica

啊，的确非常好。终于有了一只可以让我们放松一下的鸟。它的情况不是在日益恶化，而是在不断改善。蓝点颏现在已经被从濒危物种红色名录上删除了。

学名：*Luscinia svecica*

每年产蛋次数：1~2

每次产蛋数：3~7

鸟巢：在林间的土地上

孵蛋的成对雌雄鸟：9000~1.1万只

主要食物：昆虫、蚯蚓、蜗牛

迁徙类型：夏候鸟，冬季飞往西班牙和非洲

在中国："三有"保护动物

等一等！我们谈的是蓝点颏吗？

为什么不谈红点颏呢？毕竟我们从来没有听说过有个蓝点颏呀！这是童话故事里的一种鸟吗？我们不能谈别的有颜色的小鸟吗？就是我们认识的小鸟，如黄鹀（wú）、欧金翅雀或者红腹灰雀？林莺也行，或者谈谈红尾鸲。可是为什么偏偏要谈蓝点颏呢？

是的，就是要谈蓝点颏。它是红点颏和新疆歌鸲的"堂弟"。我们不了解它，因为在很长的时间里它的状况很不好。如果你不跟别人见面，当然很快就被别人遗忘了。我们有时说，眼不见心不念。看来，这句话似乎被蓝点颏听到了，因为它在大自然的生存战斗中获胜了。

蓝点颏仍然不为大家所熟知，因为它不喜欢待在花园和公园里。它也不喜欢待在森林和海滩，而是喜欢待在芦苇地和潮湿的地带。**另外，它非常善于歌唱！**它跟新疆歌鸲和红点颏一样极具歌唱天赋。令人庆幸的是，我们现在又能经常听到它高声唱歌了，因为在过去30年里，蓝点颏的数量增加了一个零，最早有1000只，现在可能是1万只。这种小鸟的表现很优异。它在每个冬天结束前都早早地从南方飞回它在沼泽地、芦苇丛里的家。

赛普先生绘制的图画里是一只有白斑的蓝点颏，上面是雄性的蓝点颏，下面是雌性的蓝点颏。荷兰、比利时和法国的蓝点颏在蓝色羽毛之间有个白色斑点。在俄罗斯和斯堪的纳维亚地区，蓝点颏在那个位置有个红色斑点。因此它们叫作红斑蓝点颏。这些红斑蓝点颏有时也从我们这儿路过看看，是纯粹作为旅游者来的，因为那时它们正从挪威飞向非洲。

两种蓝点颏之间还有其他区别吗？

的确还有其他区别。红斑蓝点颏每年只产蛋一次。我们的白斑蓝点颏，如果可能的话，每年产蛋两次。

当冬天到来后，大多数蓝点颏离开了，我们只能看到"路过"的红斑蓝点颏。南方的太阳会使蓝点颏的蓝颜色变淡。雄性蓝点颏的颜色会变成像它妻子一样的淡褐色。"路过"的红斑蓝点颏或许是给我们在寒冷地区留下来的人们的一种宽慰吧。这个旅行家不仅给我们留下了它的歌声，而且也把它的美丽留在芦苇丛里，以此给了我们一些安慰。

鸟话

蓝点颏跟新疆歌鸲一样，春天也在夜间歌唱。因为夜里安静，它们的歌声能传得很远。清晨，欧乌鸫、其他鸫类以及其他鸣禽都陆续加入它们的合唱队。这些鸟为什么喜欢那么早就开始唱歌呢？因为在清晨时段里，天还比较冷，活跃的昆虫很少，对鸟来说，现在去捕猎食物的意义不大，将能量用于寻找伴侣才是更好的选择。除此之外，通过唱歌，你会认识新的邻居，你会知道都有谁栖息在这个地区。一般在每年的6月21日之后，唱歌的高潮就会过去。

蓝点颏属于候鸟，
它们在春天飞来，
在9月向我们告别。

鸟话1

150年前，枪杀了猛禽的人是会得到奖励的。如果杀的是一只白尾海雕，枪杀者甚至可以获得一个荷兰盾。因此，如果你放飞这样的动物，你会被人视为疯子。每年都有数千只猛禽被枪杀，这是为什么呢？是因为人们认为它们是有害的：它们干扰猎人，抓走农民的鸡，还抓走草场的鸟类，等等。

令人遗憾的是，因为同样的理由，至今还有猛禽被杀死，尤其是在弗里斯兰省，仍有很多猛禽过早地死掉。

鸟话2

在本书的荷兰原版快要被送到印刷厂时，报纸报道了在弗里斯兰省沃尔弗哈，一只白尾海雕被枪杀的消息。它体内的火药就是证据。如果在泽兰省发现中了毒的白尾海雕还能说是一次意外事故，那么在弗里斯兰省发生的事件，则是荷兰稀有鸟类被直接枪杀的事件，令人印象深刻。

在过去，我们经常能在海滩上看到白尾海雕成群地拜访我们。而现在，它们只剩下几只了。

白尾海雕

Haliaeetus albicilla

我们在谈论白尾海雕时，**可以从“大”的方面谈。**它体格巨大，傲然挺立，自豪威严，英姿勃勃，威风凛凛。爱鸟者称其为“飞行的门”。因为假设你把一只白尾海雕横向展开的双翅当作一扇折叠门的话，你就能够直立地穿过这扇门行走。不仅你不必向白尾海雕低头，连迈克尔·乔丹也不必低头；即使他头顶上顶着一个篮球，也不必低头就能顺利地穿过那扇“鸟门”。这就是白尾海雕，它是巨大的猛禽。它的爪子像两个抓斗，喙像把匕首。

学名：*Haliaeetus albicilla*
每年产蛋次数：1
每次产蛋数：2

鸟巢：在树冠里
孵蛋的成对雌雄鸟：5只
主要食物：鱼和涉禽
迁徙类型：留鸟
在中国：国家一级保护动物

不过，现在我们要谈“小”的方面，那就是它的数量。霍图恩在描述中还谈到每年有成群的白尾海雕拜访荷兰，但现在荷兰只剩下几只白尾海雕了。而且，现在这几只还是刚飞回来的，不久前白尾海雕已经完全没有了。

白尾海雕的繁殖很缓慢。

白尾海雕每次只产两枚蛋。然后我们就只能期待那两只雏鸟能坚持奋斗，成长为成熟的鸟。

在2016年，一对年轻的白尾海雕在比斯博施产蛋并孵蛋。有一天，这对刚开始建立家庭的白尾海雕受到一只雌性白尾海雕的袭击。那只雌性白尾海雕不仅比那对白尾海雕更年长，而且是单身而嫉妒的。这3只鸟相遇，必然导致激烈的争斗。这只外来的雌性白尾海雕具有攻击性，而且顽固不化，使得那对年轻白尾海雕的一对雏鸟因为父母亲无法喂食而饿死了。这多么荒唐啊！

还有更荒唐的吗？

当然。在荷兰和佛兰德斯地区，几乎每个人都知道白尾海雕是一种非常罕见的动物。然而，有些人仍然坚持认为，它最好不要来荷兰和佛兰德斯地区。2016年3月30日，在美丽如画的泽兰省，某报纸报道了一只瘫痪的白尾海雕的消息。它因为病重不能站立。在它身边是一块被它吐出来的肉。护林员找到它，不仅帮助了那只可怜的鸟，还把它吐出的肉带到一家实验室检验。你们可以猜三次。是的，肉里有毒药。注入那块肉的毒药可能不是专门针对白尾海雕的，但它还是毒药。

结局如何呢？

那只中毒的雄性白尾海雕活过来了。

比斯博施的那对年轻的白尾海雕结局如何呢？

具有攻击性和嫉妒心的雌性白尾海雕夺走了年轻的雄性白尾海雕的生命。这个结局，一方面是年轻的雌性白尾海雕失去了伴侣，但另一方面，别的雄性白尾海雕成功组成家庭的机会变大。

那么，年轻的雌性白尾海雕怎么办呢？

它肯定会找到能够跟它结婚的新的飞行“大门”，从而获得最大的安慰：这些飞行“大门”有时关闭，但最后总能打开，就像它们的翅膀那样。

白嘴端凤头燕鸥

Thalasseus sandvicensis

你知道什么事情很好笑吗？我们在这本书里一再地谈论荷兰鸟类这件事，但又偷偷地把很多不属于荷兰的鸟塞进这本书里。这些鸟只是来荷兰度假旅游，并在荷兰孵蛋度过夏天。当它们的家庭联欢会结束时，它们就会跑掉，去更温暖和更好的地方。

比如说白嘴端凤头燕鸥吧。它每年只有6个月待在荷兰，一旦它的雏鸟能够独立生活了，它就回家。回家？哦，回到它只住半年的那个家，回到它秋天和冬天居住的家。

新疆歌鸲更不像话。它们在荷兰栖息的时间不超过3个月，大部分在6月份就已经离开了。雏鸟长大了，**也要离开荷兰。**这些小动物的本能就是这样的。

对于那些夏季客人来说，荷兰仅仅是一个转运港。不过这是一个重要的转运港，是雏鸟的转运港。因此，如果没有荷兰和佛兰德斯地区的海岸，就不会有那么多幼小的白嘴端凤头燕鸥。

它们几乎从来不离开海洋，很少飞到我们的内陆水域。

学名：*Thalasseus sandvicensis*
每年产蛋次数：1
每次产蛋数：1~2

鸟巢：在地面上的浅坑
孵蛋的成对雌雄鸟：大约1.5万只
主要食物：鱼
迁徙类型：夏候鸟，冬天飞往非洲
在中国：少见

鸟话

在泽兰省等地区有非常大的白嘴端凤头燕鸥孵蛋群落。因为白嘴端凤头燕鸥的雏鸟要吃那里的青鱼长大。

白嘴端凤头燕鸥非常**合群**。它最喜欢尽可能地靠近邻居筑巢，这样在孵蛋时彼此能够互相照应。它们的鸟巢只不过是地面上沙砾之中的一个可怜巴巴的小坑而已。这听起来很简陋，但它们的蛋很像小沙砾，所以伪装得很好。本来嘛，为了能够生存，任何鸟类都要学会适应严酷的环境。

白嘴端凤头燕鸥是喜欢飞行的海鸟。在诺泽曼和霍图恩生活的年代，它被称为“**黑喙海燕**”，因为它跟燕子一样，善于在天空中灵巧地飞行。它们不仅都有黑色的喙，而且都有黑色的脑袋，好像它们都去找了同样的理发师并要求：“今天请你把我们的头发染成漆黑的颜色吧。”

那些美丽而闪亮的羽毛差一点儿导致白嘴端凤头燕鸥灭绝。这是因为100年前很多女士都希望拥有一顶用白嘴端凤头燕鸥头部羽毛装饰的帽子。这是一种时尚怪象，犹如今天有些女士喜欢在她们的帽子边缘缝上一个貉子皮毛的装饰那样。令人庆幸的是，或许是因为人们总是喜欢一些新鲜玩意儿，有一天女士们终于看腻了帽子上的羽毛。就这样，白嘴端凤头燕鸥得救了。

在很多年之后，白嘴端凤头燕鸥才重新定期来到我们的海滩上。然而，它们的数量很快又开始减少。这是因为在第二次世界大战期间白嘴端凤头燕鸥又倒霉了。它们的蛋全都被人们捡走，一直到白嘴端凤头燕鸥几乎再次完全从我们的海滩上消失。那么，后来怎么样呢？战后，杀虫剂和农药几乎完成了消灭白嘴端凤头燕鸥的工作。对于白嘴端凤头燕鸥来说，谢幕了，没戏了。

可是……现在又过去了半个多世纪，我们竭尽全力保护这种海滩上的来客。**我们成功了！**白嘴端凤头燕鸥重新变得非常活跃了！我们要表扬保护鸟类的志愿者们，要在他们的帽子上插一根“羽毛”。不过，请明白，这应该是莎草制成的“羽毛”。

左页大插图画的是夏季的白嘴端凤头燕鸥，本页小插图画的是冬季的白嘴端凤头燕鸥。

在欧洲多数地区，
欧亚鵟是最霸道的猛禽。

鸟话

欧亚鵟活得那么好的原因之一是它的饮食变化很灵活。在老鼠数量减少的年份里，隼的数量会减少。但欧亚鵟会根据情况灵活地改变自己的猎物。它可以在高速公路边上找到猎物和死掉的动物。通常，在高速公路附近建立家族的鵟，比在森林里的活得更好。

欧亚鵟

Buteo buteo

不，它不是最让人感兴趣的、最漂亮的、给人以最深刻印象的鸟，也不是最罕见的、最危险的、最快的、最霸道的……

您说什么，诺泽曼先生？我们不可以把话说完吗？

怎么？欧亚鵟确实是最霸道的鸟？难道它比游隼或者红鸢或者鹃头蜂鹰还坏吗？说实在的，我们对此有不同的看法。当我们谈到最霸道的鸟时，谈论老鹰是更准确的。因为它能够用尖利的喙把它遇到的一切猎物撕碎，如果需要的话，连人也会撕碎。

争吵声是怎么回事，诺泽曼先生？我们听到从您背后传来的其他声音，是什么人的声音呢？哦，是霍图恩先生，甚至是特明克先生和赛普家族的人，他们也要参与辩论吗？啊哈！您说了“最霸道的”，但您的意思是“普遍存在的”。啊，现在我们明白了。是语言方面的混乱，用词不当啊，这样我们就可以停止讨论这个问题了。您说得对，欧亚鵟是在大约整个西欧“普遍存在的”猛禽。

目前我们说：它是最常见的猛禽，因为欧亚鵟的数量最多。它常常停在路边的立柱上观察周围。有时它在立柱上停的时间很长很长，以致看上去它也变成了一根小立柱。

它当然不是无目的地停在那儿的。

欧亚鵟不像隼那样为了获得食物而经常祈祷。它不像游隼那样经常朝地面俯冲，不像雀鹰那样横冲直撞，不像红鸢那样飞翔，也不像鹃头蜂鹰那样刨地。欧亚鵟只是停着，看着，当有猎物接近时才捕捉它。这个猎物最好是一只田鼠。欧亚鵟善于窥探。

学名：*Buteo buteo*
每年产蛋次数：1
每次产蛋数：2~4
鸟巢：在高树的树冠上，被称为“地堡”
孵蛋的成对雌雄鸟：8000 ~ 1万只
主要食物：老鼠、幼兔、雏鸟
迁徙类型：留鸟
在中国：国家二级保护动物

没人知道欧亚鵟为什么能够穿着那种“服装”出现。我们知道的是，它的羽毛服装的颜色是可以遗传的。不过，如果一只浅颜色欧亚鵟跟一只深颜色欧亚鵟生了雏鸟的话，雏鸟的羽毛颜色会怎么样呢？另外，深颜色欧亚鵟是不是经常栖息在南欧，而浅颜色的经常栖息在下雪的北欧？它们在行为方面有差异吗？这种颜色的会比另一种颜色的生存得更好吗？当今的学者们正在研究所有这类问题。

您说什么，诺泽曼先生？有没有人在研究哪一种褐色欧亚鵟分布最广？这个问题确实有人在研究。我们会及时告诉您结果的。请您耐心等待。

疣鼻天鹅

Cygnus olor

这本书里的鸟不是按照字母顺序排列的，也不是按照身体大小、它们的属或科分类的，而是依据诺泽曼和后来霍图恩、特明克收到它们的先后次序排列的。这是250年前诺泽曼提出的要求，他的接班人也遵循了这样的要求。

但他们把天鹅作为一个例外。作者们在收到天鹅之后等候了一段时间，因为他们想以这种端庄的动物隆重地结束这本书。我们也要跟他们一样这么做。

天鹅是鸟类中的元帅。它以无可挑剔的洁白羽毛服装，略微高傲的目光，高雅、忠诚和坚定的姿态，装饰着我们的水域。在过去一段时间里，人类差一点儿让天鹅灭绝了。庆幸的是，最终，同样是人类挽救了它们。

我们或许应该说得准确一点儿。在第71页展示了两种天鹅的脑袋。疣鼻天鹅有红色的喙，而大天鹅有黄色的喙。大天鹅并不在荷兰孵蛋，因此实际上不应该被写进这本书。

疣鼻天鹅有红色的喙和黑色的疣瘤。它们很少发出叫声，被称为“无声天鹅”。而大天鹅有黄色的喙。

鸟话1

近几年来，有两对大天鹅在荷兰孵蛋。

因此，它还是可以被纳入这本书里的。

本页所画为大天鹅。

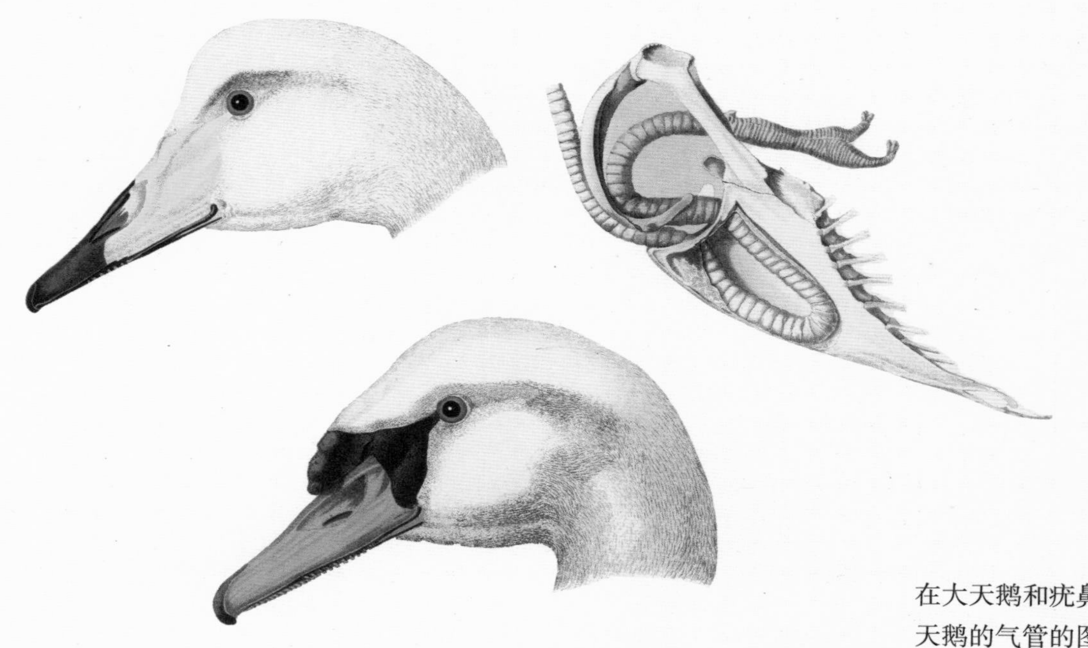

鸟话2

在地球上的所有鸟类中，疣鼻天鹅拥有最多的羽毛。

在大天鹅和疣鼻天鹅的图的旁边，你可以看到大天鹅的气管的图。霍图恩和特明克说，因为气管是弯曲的，大天鹅能在体内储存更多的空气，因此潜水时间更长。疣鼻天鹅没有那样长的气管，因此潜水时间要短得多。

在半个世纪以前，荷兰的疣鼻天鹅几乎完全消失了，因为农民们不允许它们待在田地里。他们想，必须赶走那些光会吃草和拉屎的动物。不管疣鼻天鹅多么优雅和端庄，它终究是破坏田地的。这些田地是给我们养牛放牧用的，不是给不请自来的疣鼻天鹅用的。此后，疣鼻天鹅逐渐地从田中消失，是死掉了还是活着离开的，农民们对此丝毫不关心。

现在得谈一件很特别的事情。在20世纪初，还有很多生活在笼子里的疣鼻天鹅。养天鹅不像养鸡，养鸡是为了蛋和肉，而养天鹅主要是为了它们美丽的天鹅绒。然而，随着买天鹅绒的人越来越少，天鹅养殖者再也不能赚到更多钱，**因此他们释放了所有的疣鼻天鹅！**

从此我们又可以听到“元帅”的声音了。但是，它没有大声喊叫，或者叽叽喳喳地叫，或者嘎嘎地叫。**疣鼻天鹅是一种非常安静的鸟。**不过，当高傲的天鹅在低空里飞行时，我们就可以听到一种声音，一种长时间持续作响的声音。那种声音是吹哨的声音吗，呼呼的叫声吗，还是喇叭的响声？它是怎样发出这声音的呢？

天鹅是用自己的翅膀发出像喇叭一样的响声的。它每次用巨大的力量展开、收起自己的翅膀时，你会听到一种声音先向你传过来，然后又慢慢变弱，余音袅袅。

从那个时刻起，你只能想一件事：你想跟着天鹅去旅行，跟着“元帅”去探险，飞离一切在地面上固定的东西。像一只飞鸟那样，像欧亚鵟，或者像红点颏那样，将胳膊换成翅膀，将土地换成蓝色的天空。**另外，还要说再见。**

再见！

学名：*Cygnus olor*
每年产蛋次数：1
每次产蛋数：5~7
鸟巢：在水边
孵蛋的成对雌雄鸟：5500~6500只
主要食物：草、水生植物和水生小动物
迁徙类型：留鸟
在中国：国家二级保护动物

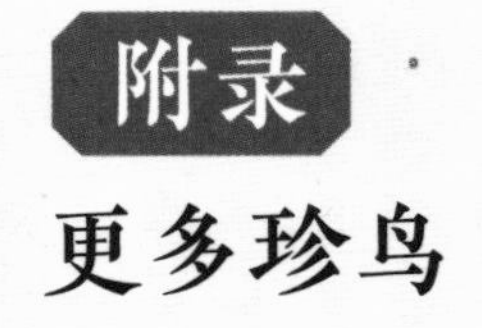

喜鹊 *Pica pica*

学名： *Pica pica*

每年产蛋次数： 1

每次产蛋数： 5~8

鸟巢： 一般在距地7~15米的高大乔木上部的中央树杈上

主要食物： 昆虫、植物果实和种子、雏鸟和鸟卵、小型哺乳动物、谷物、腐肉等

栖息地： 山区、平原、旷野农田、公园、郊区、居民点附近等

在中国： 常见

白鹡鸰 *Motacilla alba*

学名： *Motacilla alba*
每年产蛋次数： 1~3
每次产蛋数： 3~6
鸟巢： 在屋顶、石缝、洞穴等处
主要食物： 蚊子、毛毛虫等昆虫，也捕食蚯蚓等
栖息地： 河流、湖泊、湿地、农田、公园、居民区等
在中国： 常见

凤头麦鸡 *Vanellus vanellus*

学名：*Vanellus vanellus*

每年产蛋次数：1

每次产蛋数：4

鸟巢：利用草地或沼泽草甸边的盐碱地上的凹坑或将地上泥土扒成一个圆形凹坑

主要食物：昆虫及其幼虫、蚯蚓、虾、蜗牛、螺、杂草种子、谷物、坚果及植物嫩叶等

栖息地：丘陵、山脚的平原、草原地带的湖泊、水塘、沼泽、溪流和农田等

在中国：常见

白兀鹫 *Neophron percnopterus*

学名：*Neophron percnopterus*

每年产蛋次数：1

每次产蛋数：1~3

鸟巢：岩壁、树或旧的建筑物

主要食物：昆虫、小型爬行动物和哺乳动物、蜗牛、鸟蛋、雏鸟、粪便及腐肉等

栖息地：沙漠、干旱的沙丘、稀树草原、牧场、郊区、农田、人类居住地附近等

在中国：少见

普通鹌鹑 *Coturnix coturnix*

学名：*Coturnix coturnix*

每年产蛋次数：1~3

每次产蛋数：6~13

鸟巢：在草丛、灌丛、农田等处，依靠地面凹处浅坑筑成

主要食物：杂草的种子、谷物、昆虫及其幼虫

栖息地：生长茂密的草丛、灌木丛的平原、丘陵，或沼泽、湖泊、溪流、耕地附近

在中国：不常见

夜鹭 *Nycticorax nycticorax*

学名：*Nycticorax nycticorax*

每年产蛋次数：1

每次产蛋数：3~5

鸟巢：多在树干或树杈上

主要食物：小鱼、小型两栖动物、鸟类、蛋类、蚯蚓、昆虫等

栖息地：各种湿地，如溪流、河流、湖泊、沼泽、泥滩等的边缘

在中国：常见

欧鸽 *Columba oenas*

学名：*Columba oenas*

每年产蛋次数：4

每次产蛋数：2

鸟巢：橡木或松木的老树的洞里、兔子洞穴、废墟、峭壁或悬崖表面的裂缝中等

主要食物：植物嫩芽、幼苗、松子、浆果、谷物以及昆虫和蜗牛等

栖息地：开阔的田野、林地边缘、公园和农田，有成熟的树木或其他提供合适巢穴的地点

在中国：少见

游隼 *Falco peregrinus*

学名：*Falco peregrinus*

每年产蛋次数：4

每次产蛋数：2~6

鸟巢：一般在悬崖表面的裂缝中

主要食物：鸽子、水鸟、野鸭、鸥、松鸡、乌鸦等中小型鸟类，偶有大鼠、松鼠、蝙蝠等

栖息地：草原、苔原、山地、丘陵、半荒漠、沼泽、湖泊、沿海沿岸地带，也到开阔的农田、耕地和村子附近活动

在中国：少见

红隼 *Falco tinnunculus*

学名：*Falco tinnunculus*

每年产蛋次数：1

每次产蛋数：3~7

鸟巢：在建筑物、树上的突出部分筑成，或利用其他鸟类的巢

主要食物：昆虫、麻雀、老鼠、蛙、蜥蜴、蛇等

栖息地：稀树草原、丛林、森林、灌木林、沼泽、山地森林、森林苔原、河谷、郊区和农田等

在中国：常见

燕隼 *Falco subbuteo*

学名：*Falco subbuteo*

每年产蛋次数：1

每次产蛋数：2~4

鸟巢：距地面10~20米的高大乔木上

主要食物：麻雀、山雀、家燕、雨燕等小鸟，昆虫，蝙蝠等

栖息地：有稀疏树木生长的开阔平原、旷野、耕地、海岸、疏林和林缘地带等

在中国：常见

纵纹腹小鸮 *Athene noctua*

学名：*Athene noctua*

每年产蛋次数：1

每次产蛋数：2~8

鸟巢：悬崖的缝隙、岩洞、废弃建筑物的洞穴、树洞、其他动物的洞穴等处

主要食物：昆虫、蚯蚓、田鼠、兔子、雏鸟等

栖息地：林地边缘、草原、沙漠、半沙漠、悬崖、峡谷、沟壑、农田、村庄、果园、郊区等

在中国：常见

火鸡 *Meleagris gallopavo*

学名：*Meleagris gallopavo*

每年产蛋次数：1

每次产蛋数：4~17

鸟巢：被茂密的灌木丛、藤蔓或深草等包围的地上的浅洼处

主要食物：坚果、种子、植物的嫩芽和叶子、昆虫、蛙和蜥蜴等

栖息地：阔叶林和针叶阔叶混交林、季节性沼泽、牧场、田野、果园等

在中国：无分布

黑剪嘴鸥 *Rynchops niger*

学名：*Rynchops niger*
每年产蛋次数：1
每次产蛋数：4~5
鸟巢：在沙石、盐沼和疏浚废弃物上
主要食物：小鱼、昆虫、甲壳类动物和软体动物
栖息地：海湾、河口、潟湖、泥滩、海滩、贝壳海岸，荒岛和沿海沼泽地区
在中国：无分布

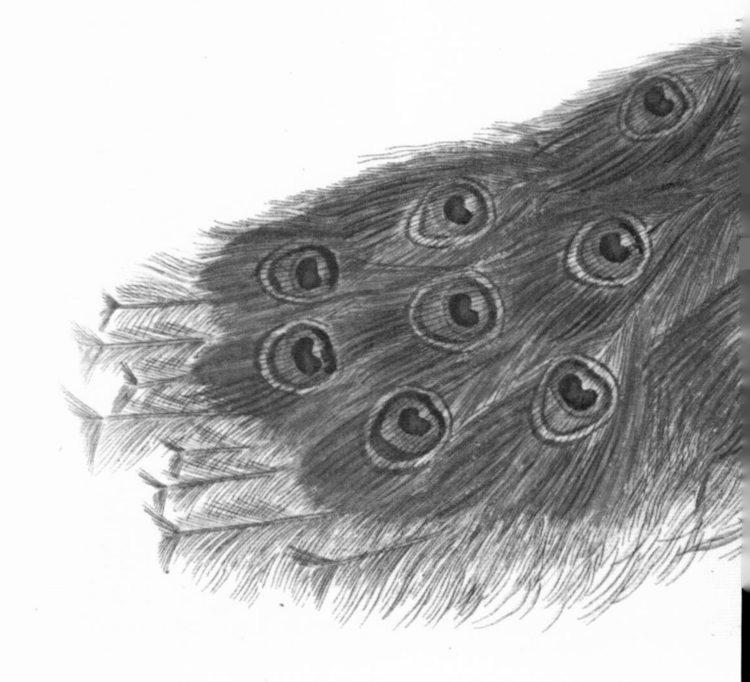

蓝孔雀 *Pavo cristatus*

学名：*Pavo cristatus*

每年产蛋次数：4

每次产蛋数：3~12

鸟巢：地面的灌木丛中

主要食物：种子、谷物、昆虫、水果、蜥蜴、青蛙和蛇等

栖息地：稀树草原、开阔干燥的落叶林、灌木丛

在中国：无分布

林鹨（liù）*Anthus trivialis*

学名：*Anthus trivialis*

每年产蛋次数：2

每次产蛋数：4~8

鸟巢：有岩石或草丛隐蔽的地上凹坑内、天然洞穴中

主要食物：昆虫及其幼虫、草籽等

栖息地：有灌木的草原、荒地、森林、林间空地、林缘地带、荒漠树丛等

在中国：少见

冠小嘴乌鸦 *Corvus cornix*

学名：*Corvus cornix*
每年产蛋次数：1
每次产蛋数：4~6
鸟巢：一般在高大树木的细树枝或靠近顶部的树杈上
主要食物：种子、坚果、水果、昆虫等
栖息地：森林边缘、开阔的农田、城市中的公园、海岸等
在中国：少见

鸣谢

这本书不是我仅凭自己脑子里的知识写成的，而是借助于各种书、网站、鸟类专家、报纸和期刊，尤其是，借助于科内利斯·诺泽曼和其接班人的知识。

在我查询鸟类信息的过程中，最重要的网站是De Vogelbescherming和Sovon Vogelonderzoek Nederland网站。如果你需要知道鸟类知识的话，你可以从以下网址开始查找：

WWW.VOGELBESCHERMING.NL
WWW.SOVON.NL

除此之外，以下人员或机构、网站、书目介绍的知识对我帮助也很大：

就前言而言：

让他的鸡在办公桌下蛋的研究员是海恩里希·魏克曼。他的研究工作是1896年在德国进行的。为此我看了蒂姆·伯克赫德写的书《鸟蛋》（荷兰，忙碌的蜜蜂出版社，2016年出版）。

就其他方面而言：

松鸦：阿德里·德格罗特的《鸟类日记》，*www.vogeldagboek.nl*。

大斑啄木鸟：研究大斑啄木鸟敲击技巧的医生叫飞利浦·美伊。

黑尾塍鹬：2015年11月17日，黑尾塍鹬以1万票当选为荷兰的国鸟。相关网站是*www.welkomgrutto.nl*。

欧亚鸲：大卫·拉克的《欧亚鸲的生活》，1943年出版。

普通鳾鹟：阿德里·德格罗特的《鸟类日记》，*www.vogeldagboek.nl*。

新疆歌鸲：关于柏林自由大学西尔克·给普尔教授的研究成果的文章，英国《独立报》，2015年6月18日发表。

雉鸡：苏斯特伦/格拉特海德野生动物管理局，*www.wbesusterengraetheide.nl*。

秃鼻乌鸦：文章里提到的秃鼻乌鸦专家是迪德里克·里勒。克里斯·伯德研究员在他的书中介绍了里勒用秃鼻乌鸦和工具进行的实验。

雀鹰：罗布·白尔斯马的《我的猛禽》，阿特拉斯出版社，2012年出版。

西方秧鸡：感谢鹿特丹的自然历史博物馆馆长给斯·穆里肯。

丘鹬：文章中所涉及的是2012年11月20日播放的一个名叫《世界继续运转着》的节目。

长耳鸮：蒂姆·伯克赫德的《鸟类的感官》，忙碌的蜜蜂出版社，2013年出版。关于猫头鹰眼睛的颜色，广播公司的节目《早晨活跃的鸟类》。

赤膀鸭：SOVON研究所研究员写的材料。

大麻鳽：蒂姆·伯克赫德的《鸟类的感官》，忙碌的蜜蜂出版社，2013年出版。

蚁䴕：相关网站*www.vogelwerkgroepnijmegen.nl*。

草鹭：相关研究员是杨·范德维恩。

北鲣鸟：相关研究员是布莱恩·奈尔顺。

欧亚鵟：相关的女研究员是艾雷娜·弗雷德里卡·卡佩尔斯。

谢谢你，杨·保尔，谢谢你阅读我的稿子。

谢谢你，托恩·范埃尔斯特，谢谢你审阅所有关于鸟类的知识。

谢谢你，荷兰皇家图书馆的玛丽克·范德尔福特，你对《荷兰的鸟类》的原作了如指掌。你非常熟悉诺泽曼和赛普，非常善于讲述他们的故事。你还能够阻止我超出自己的写作计划。

谢谢你，我的编辑伊丽娜·毕斯考普。你是班里的鹂鹛姑娘。不过，你有老鹰般的目光。

最后，去观鸟吧！

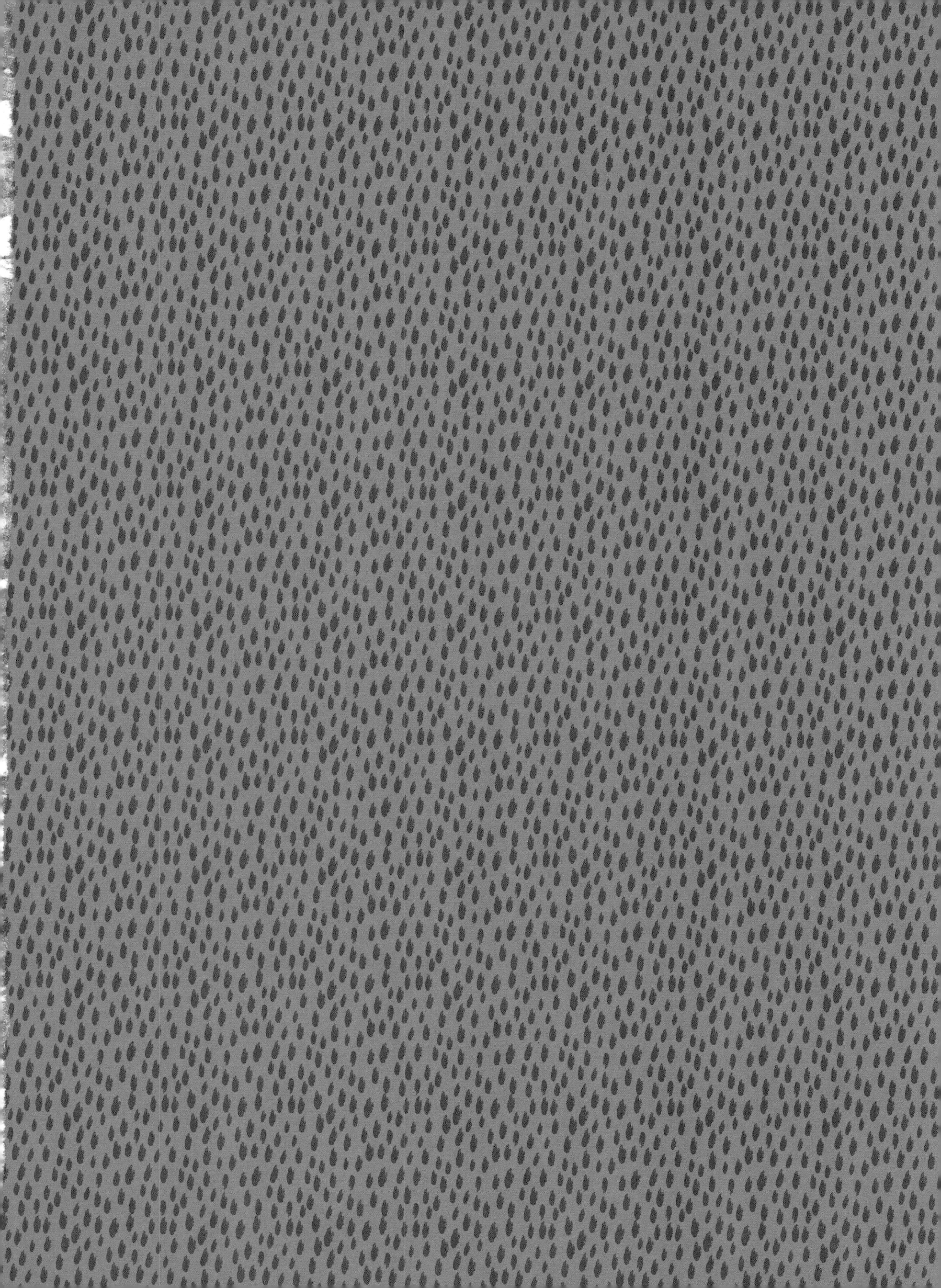

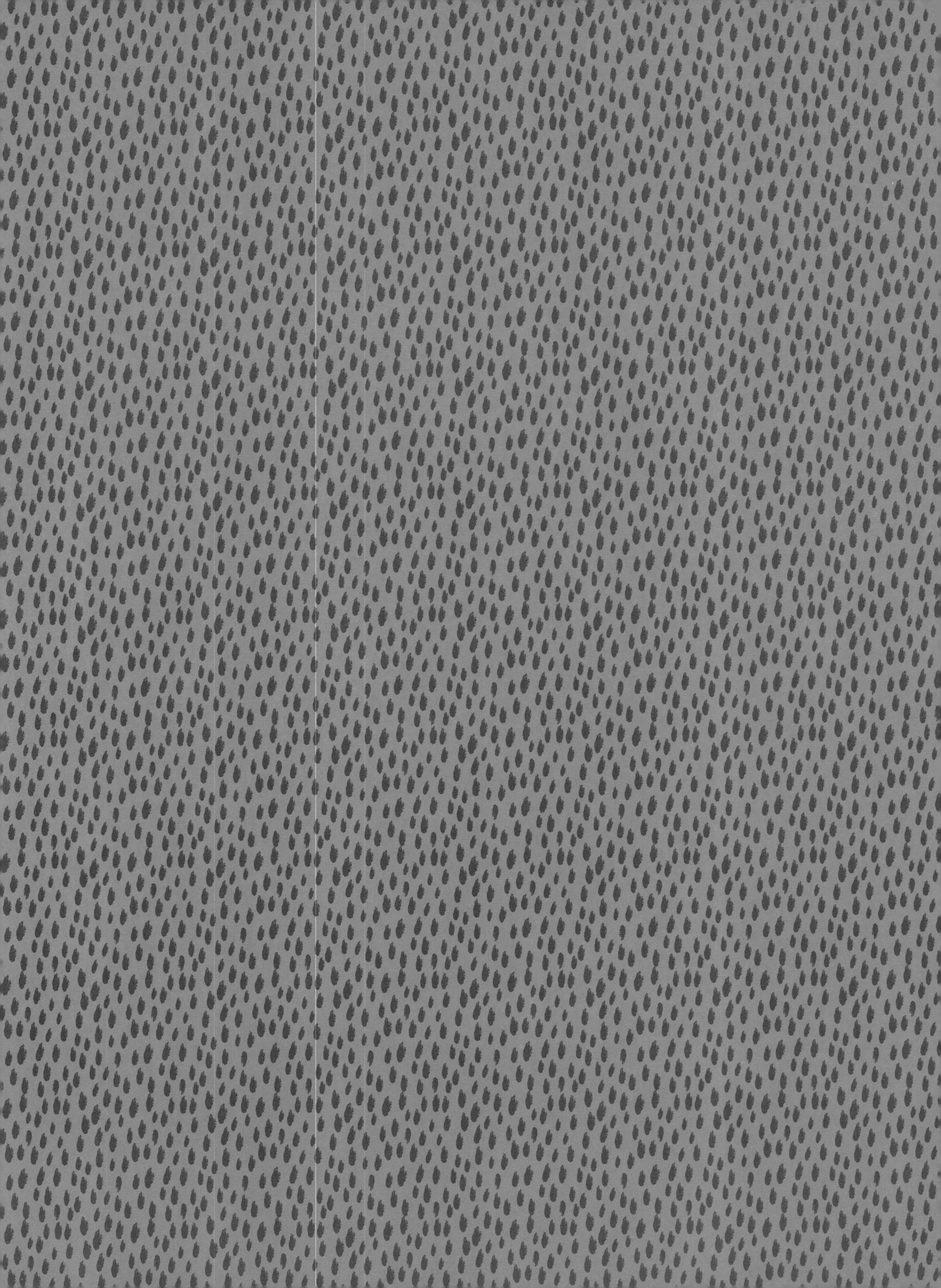